畜禽高效养殖技术丛书

高效养猪技术问答

主编 张 玉 宋云清

河南科学技术出版社

·郑州·

图书在版编目(CIP)数据

高效养猪技术问答／张玉,宋云清主编. —郑州:河南科学技术出版社,2014.5
(畜禽高效养殖技术丛书)
ISBN 978-7-5349-6915-7

Ⅰ.①高… Ⅱ.①张… ②宋 Ⅲ.①养猪学-问题解答 Ⅳ.①S828-44

中国版本图书馆 CIP 数据核字(2014)第 089052 号

出版发行：河南科学技术出版社
地　址：郑州市经五路66号　邮编：450002
电　话：(0371) 65737028　65788613
网　址：www.hnstp.cn

策划编辑：陈淑芹
责任编辑：申卫娟
责任校对：柯　姣
封面设计：宋贺峰
版式设计：栾亚平
责任印制：张　巍
印　　刷：河南龙华印务有限公司
经　　销：全国新华书店
幅面尺寸：140 mm×202 mm　印张：8　彩插：3　字数：200千字
版　　次：2014年5月第1版　2014年5月第1次印刷
定　　价：15.00元

如发现印、装质量问题，影响阅读，请与出版社联系并调换。

本书编写人员名单

主　编　张　玉　宋云清
副主编　陈　悦　张要齐　马嫒婕
编　者　张莺莺　李华民　梅承君　曲登峰
　　　　　宋　歌　张　敏　雷　蕾　刘颖慧

前言

我国养猪业历史悠久，地方特色的猪种资源十分丰富。同时，我国也是一个养猪大国，生猪饲养量和猪肉消费量约占世界总量的一半，居世界第一位。但我国还不是养猪强国，随着经济社会的发展，制约我国养猪业发展的因素日益复杂，存在的问题日益凸显，如中小企业技术管理落后，育种群体规模小，饲料转化率低，自动化、标准化水平低，生产结构不合理，养殖废弃物污染等问题，已经影响了我国养猪业的健康发展。因此，我国养猪业需要加快生产方式转变，加快传统养猪业向现代化养猪业转变，提高劳动生产效率和资源的利用率，推进养猪业的规模化、标准化、集约化、现代化生产，实现高产、优质、高效、生态、安全的现代化养猪业发展目标。

本书以我国养猪业现状为背景，以高效养猪为基本出发点，针对养猪生产存在的问题，借鉴国内外养猪取得的研究成果，结合规模猪场生产管理经验编写。全书既讲究技术的先进性，又注重实用性和可操作性，内容深入浅出，语言通俗易懂，重点介绍了提高养猪效益技术，包括繁殖、营养、饲料、饲养管理、环境控制、疫病防治、企业管理、生物安全等内容，可供基层畜牧兽医科技人员、养猪从业人员参考。

本书在编写过程中得到了许多同仁的关心和支持，并参考了一些专家学者的研究成果及相关资料，在此表示感谢。由于编者水平有限，书中疏漏和不妥之处，敬请广大读者批评指正。

编者
2014 年 3 月

目 录

一、高效养猪基础知识 ……………………………………… (1)
  1. 为什么要发展高效养猪? ……………………………… (1)
  2. 猪有哪些经济生物学特性? …………………………… (2)
  3. 猪有哪些行为特性? …………………………………… (5)
  4. 现代化生产模式下猪怎样度过它的一生? …………… (8)
  5. 现代化养猪生产有什么特点? ………………………… (8)
  6. 养猪周期产生的原因是什么? ………………………… (9)
  7. 猪粮比价为什么是判断养猪效益的重要指标? ……… (11)
  8. 我国发展养猪生产经历了哪些阶段? ………………… (11)
  9. 我国养猪生产主要存在哪些问题? …………………… (14)
  10. 养猪业的发展前景和方向如何? …………………… (16)

二、高效养猪环境控制技术 ………………………………… (18)
  11. 养猪业为什么要重视养殖污染防治问题? ………… (18)
  12. 《畜禽规模养殖污染防治条例》对养殖场都有
      哪些规定? …………………………………………… (19)
  13. 环境对高效养猪有何影响? ………………………… (19)
  14. 现代化猪场建设选址有哪些要求? ………………… (22)
  15. 如何科学规划设计现代化猪场? …………………… (23)
  16. 猪场建设规模越大越好吗? ………………………… (26)
  17. 现代化猪舍建筑形式和基本结构有哪些? ………… (27)

18. 猪不同生长阶段对猪舍有哪些要求？……（30）
19. 如何根据生产需要选择合适的猪栏？……（33）
20. 如何根据生产需要选择漏缝地板？……（34）
21. 如何根据生产需要选择猪用饮水器？……（36）
22. 如何根据生产需要选择合适的清洁与消毒设备？……（36）
23. 如何根据生产需要选择通风降温设备？……（38）
24. 如何根据生产需要选择猪场的供暖设备？……（39）
25. 如何控制猪舍有害气体？……（40）
26. 如何减少猪舍空气中的微生物？……（41）
27. 规模化猪场有哪些生产工艺？……（42）
28. 生物发酵床养猪技术有什么优势？……（44）
29. 生物发酵床猪舍怎样建造？……（45）
30. 生物发酵床怎样制作？……（45）
31. 猪场粪污处理有哪些模式？……（48）

三、高效养猪品种繁育技术……（50）

32. 为什么说猪种是提高养猪效益的基础？……（50）
33. 我国有哪些优良地方猪品种？……（51）
34. 我国地方优良猪品种有什么特性？……（54）
35. 我国有哪些培育的优良猪品种（系）？……（55）
36. 我国从国外引进的优良猪种有哪些？……（58）
37. 猪的主要经济性状有哪些？……（61）
38. 如何进行种猪的选配？……（64）
39. 为什么杂交能产生杂种优势？……（65）
40. 影响猪杂种优势的因素有哪些？……（65）
41. 猪的经济杂交方式有哪些？……（68）
42. 两品种杂交在养猪生产中有何作用？……（68）
43. 两品种轮回杂交在养猪生产中有何作用？……（68）
44. 三品种杂交在养猪生产中有何作用？……（69）

45. 如何区分内三元猪和外三元猪？ …………………… (70)
46. 养猪生产中有哪些优良杂交组合？ ………………… (71)
47. 猪的配套系有哪些？ …………………………………… (72)
48. 为什么要发展猪的配套系杂交？ …………………… (75)
49. 猪人工授精技术在高效养猪中的作用有哪些？ … (76)
50. 影响猪人工授精效果的因素有哪些？ ……………… (77)
51. 如何选择优秀的种公猪？ ……………………………… (79)
52. 如何选择优秀的后备母猪？ …………………………… (80)
53. 猪常见的遗传缺陷有哪些？ …………………………… (81)
54. 影响公猪性欲的因素有哪些？ ………………………… (83)
55. 怎样控制种公猪的采精频率？ ………………………… (83)
56. 影响种公猪采精量的因素有哪些？ ………………… (84)
57. 如何进行公猪的采精操作？ …………………………… (85)
58. 采精过程中要注意哪些问题？ ………………………… (86)
59. 如何检查精液品质？ …………………………………… (87)
60. 什么是精子畸形率，畸形精子的类型有哪些？ … (89)
61. 精液稀释的目的是什么？ ……………………………… (89)
62. 精液稀释要注意哪些事项？ …………………………… (90)
63. 为什么精液稀释主张用商品化的稀释粉？ ………… (90)
64. 为什么要在精液分装过程中将瓶中空气排出？ … (91)
65. 稀释后的精液怎样储存？ ……………………………… (91)
66. 保存精液应注意哪些事项？ …………………………… (91)
67. 运输精液需注意哪些事项？ …………………………… (92)
68. 后备母猪什么时候开始配种为宜？ ………………… (92)
69. 母猪发情有什么症状和规律？ ………………………… (93)
70. 促进母猪正常发情有哪些常用方法？ ……………… (93)
71. 怎样把握配种时机？ …………………………………… (95)
72. 输精时的关键技术有哪些？ …………………………… (96)

- 73. 如何判断母猪是否怀孕？ …………………… （97）
- 74. 如何防治母猪假妊娠？ ……………………… （98）
- 75. 提高猪人工授精受胎率的技术措施有哪些？ …… （99）
- 76. 母猪的预产期怎样推算？ ……………………（100）
- 77. 母猪临产前有何征兆？ ………………………（101）
- 78. 如何让母猪白天产仔？ ………………………（102）
- 79. 接产应注意哪些问题？ ………………………（102）
- 80. 为什么不能让母猪吃掉胎衣？ ………………（104）

四、高效养猪饲料调配技术 ………………………（105）

- 81. 营养物质在养猪生产中有何作用？ …………（105）
- 82. 猪的消化生理有哪些特点？ …………………（106）
- 83. 能量饲料对猪生产性能提高有什么作用？ ……（107）
- 84. 蛋白质饲料对猪生产性能提高有什么作用？ …（107）
- 85. 养猪生产中常用的能量饲料有哪些？ ………（108）
- 86. 养猪生产中常用的蛋白质饲料有哪些？ ……（110）
- 87. 养猪生产中常用的维生素有哪些？ …………（113）
- 88. 养猪生产中添加酶制剂有什么作用？ ………（114）
- 89. 猪饲料中使用的主要原料有哪些？ …………（115）
- 90. 猪常用的饲料添加剂有哪些类型？ …………（117）
- 91. 如何正确使用饲料添加剂？ …………………（119）
- 92. 猪的日粮中能添加苜蓿草吗？ ………………（119）
- 93. 养猪生产中为什么要使用配合饲料？ ………（120）
- 94. 配合饲料的种类有哪些？ ……………………（120）
- 95. 饲料配方设计应遵循哪些原则？ ……………（121）
- 96. 如何设计饲料配方？ …………………………（123）
- 97. 饲料配方中较成熟的先进技术有哪些？ ……（124）

五、种猪高效养殖饲养管理技术 …………………（126）

- 98. 如何饲养管理种公猪才能获得高效益？ ……（126）

- 99. 如何合理使用种公猪？ (127)
- 100. 种公猪性欲低下怎么办？ (128)
- 101. 种公猪的使用年限多长为宜？ (128)
- 102. 后备母猪饲养管理应注意哪些问题？ (129)
- 103. 如何养好空怀母猪？ (132)
- 104. 妊娠母猪营养需要有何特点？ (133)
- 105. 妊娠母猪的饲养管理有哪些注意事项？ (134)
- 106. 母猪分娩后如何护理？ (135)
- 107. 母猪泌乳有什么特点？ (136)
- 108. 怎样饲养管理好哺乳母猪？ (137)
- 109. 母猪产后拒绝哺乳怎么办？ (138)
- 110. 为什么母猪产后喂些麸皮好？ (139)
- 111. 影响母猪泌乳量的因素有哪些，如何提高母猪的泌乳量？ (139)

六、仔猪高效养殖饲养管理技术 (142)

- 112. 哺乳仔猪有哪些生理特点？ (142)
- 113. 如何高效救治假死仔猪？ (143)
- 114. 如何给初生仔猪保温？ (144)
- 115. 为什么要让仔猪吃足初乳？ (144)
- 116. 为什么要给仔猪固定乳头？ (145)
- 117. 怎样给仔猪固定乳头？ (146)
- 118. 提高哺乳仔猪成活率的关键措施有哪些？ (146)
- 119. 如何进行仔猪的并窝与寄养？ (149)
- 120. 怎样给仔猪配制和饲喂人工乳？ (150)
- 121. 仔猪什么时间断奶更合适？ (151)
- 122. 哺乳仔猪的断奶方法有哪些？ (152)
- 123. 怎样给仔猪补料？ (153)
- 124. 断奶仔猪转群有哪些注意事项？ (154)

125. 仔猪什么时候去势更合适？ …………………（155）
 126. 仔猪去势的技术要点有哪些？ ………………（156）
 127. 如何养好保育猪？ ……………………………（157）
七、育肥猪高效养殖饲养管理技术 ……………………（159）
 128. 育肥猪生长发育有何规律？ …………………（159）
 129. 育肥猪的营养需要有何特点？ ………………（159）
 130. 猪育肥前要做哪些准备工作？ ………………（160）
 131. 育肥猪对环境条件有何要求？ ………………（161）
 132. 育肥猪的饲养管理要点有哪些？ ……………（162）
 133. 提高育肥猪出栏率的有效措施有哪些？ ……（164）
 134. 育肥猪延期出栏的原因有哪些？ ……………（165）
 135. 如何把握育肥猪的出栏时机？ ………………（167）
八、高效养猪生物安全控制技术 ………………………（168）
 136. 生物安全对高效养猪生产有何重要意义？ …（168）
 137. 对待猪病为什么要树立"养重于防"的理念？ …（169）
 138. 怎样控制病原微生物在场内传播？ …………（169）
 139. 猪场必须建立的卫生防疫制度有哪些？ ……（170）
 140. 老鼠、蚊蝇对猪场有哪些危害？ ……………（171）
 141. 养猪场为什么不能养猫防鼠？ ………………（172）
 142. 猪场常用的高效消毒剂有哪些？ ……………（173）
 143. 猪场如何进行带猪消毒？ ……………………（176）
 144. 如何对全进全出的空猪舍消毒？ ……………（177）
 145. 如何对外来车辆进行消毒？ …………………（178）
 146. 如何进行猪场人员的消毒？ …………………（179）
 147. 雾霾天气对猪群有什么影响？ ………………（180）
 148. 引进种猪的隔离措施有哪些？ ………………（180）
 149. 猪场为什么要实行全进全出制？ ……………（181）
 150. 猪场制定免疫程序时主要考虑哪些问题？ …（182）

151. 影响免疫效果的因素有哪些？ …………………… (183)
152. 疫苗免疫接种操作要点有哪些？ ………………… (185)
153. 疫苗接种前后应注意哪些问题？ ………………… (186)
154. 哪些猪不适宜打疫苗？ …………………………… (188)

九、高效养猪疫病防治技术 …………………………… (189)

155. 当前规模化养猪场疫病流行呈现哪些特点？ …… (189)
156. 猪疾病传播的主要途径有哪些？ ………………… (191)
157. 养猪生产中常见的禁用药物有哪些？ …………… (194)
158. 控制猪群发生疫病的关键措施有哪些？ ………… (195)
159. 如何防治猪瘟？ …………………………………… (197)
160. 如何防治猪口蹄疫？ ……………………………… (200)
161. 如何防治猪丹毒病？ ……………………………… (201)
162. 如何防治哺乳仔猪的下痢？ ……………………… (203)
163. 如何防治断奶仔猪的下痢？ ……………………… (207)
164. 如何防治猪的呼吸道疾病？ ……………………… (209)
165. 如何预防猪的皮肤病？ …………………………… (214)
166. 猪的繁殖障碍性疾病主要有哪些？ ……………… (217)
167. 养猪为什么要定期驱虫？ ………………………… (223)
168. 怎样防治猪寄生虫病？ …………………………… (224)
169. 如何防治猪黄曲霉毒素中毒？ …………………… (228)

十、高效养猪经营管理技术 …………………………… (229)

170. 如何确定养猪生产规模？ ………………………… (229)
171. 猪场如何做好环境影响评价工作？ ……………… (230)
172. 养猪经营者应具备的基本素质有哪些？ ………… (232)
173. 需要计入成本的项目有哪些？ …………………… (233)
174. 哪些猪是我们重点关注的对象？ ………………… (234)
175. 在养猪生产管理过程中，要做好哪些生产记录？
 ……………………………………………………… (235)

176. 猪群类别怎样划分更合适？ …………………………（235）
177. 什么样的猪群结构才合理？ …………………………（236）
178. 猪群周转应遵循哪些原则？ …………………………（237）
179. 提高养猪经济效益有哪些措施？ ……………………（237）
180. 为什么要倡导福利养猪？ ……………………………（239）

参考文献 ………………………………………………………（242）

一、高效养猪基础知识

1. 为什么要发展高效养猪？

当前我国养猪业转型升级明显加快，正在由数量扩张型向效益型转变，从传统养猪业向现代化养猪业转变，技术集约、资源高效利用和环境和谐是现代化养猪业的重要特点，实现高产、优质、高效、生态、安全是现代化养猪业的最终目标和发展方向。在转型期中，许多养猪场在生产各环节存在诸多问题，如对现代养猪新理念知之甚少、猪的品种不纯、配种混乱无序、猪群结构比例不合理、猪群周转计划不具体、饲养阶段区分不清、饲料配制随心所欲、疫病防治无章可循，导致母猪受胎率、产仔率和仔猪成活率低，饲料报酬低、饲养期长、猪群整齐度差等，这些因素严重制约着猪场经济效益的提高。针对这些问题，我们围绕如何提质增效，提高猪场经济效益，总结出了一套高效养猪综合配套技术问答。希望能为养猪生产提供一定的帮助，促进养殖企业在养猪生产中能够根据现有的资源和条件，选择饲养优良的猪品种，在猪舍及建筑的设计上能为猪提供适宜的生长环境，在饲料种类和营养价值上有利于发挥猪的生长潜力，采用有助于提高猪生产力的饲养管理技术，使猪场疫病防控能力强，资源配置合理，各生产环节运转高效，最终实现缩短饲养周期、降低生产成本、提高猪场经济效益的目标。

2. 猪有哪些经济生物学特性？

猪的生物学特性是在进化过程中逐渐形成的，在生产实践中，要不断地认识和掌握猪的生物学特性，并按适当的条件加以充分利用和改造，以便获得较好的饲养和繁育效果，达到高产、高效、优质的目的。

(1) 繁殖率高，世代间隔短。母猪一般 4~5 月龄达性成熟，6~8 月龄就可以初次配种。妊娠期平均为 114 天，采用早期断奶，可以达到 2.2~2.5 胎/年，母猪一般每胎产仔 8~12 头，平均为 10 头左右（我国地方品种猪每胎产仔 12~16 头）。如果一头母猪的后代继续不断地繁殖，5 年内可繁殖直接后代和间接后代 16 000 头以上。据报道，母猪两侧卵巢中约有 11 万个卵原细胞，但在它一生的繁殖利用年限内大约只能排卵 400 个左右，一个情期排出 12~20 个卵子，实际只产仔 10 个左右，直接后代 150~200 头（15~20 胎）。由此可见，母猪的繁殖潜力很大，但效率并不高。试验证明，用激素进行处理，可使母猪在一个发情期内排卵 30~40 个，个别达 80 个，在生产上也有不少报道，个别高产母猪一胎产仔 20 多个，我国的太湖猪有过一胎产仔 42 头的纪录。这一独特的性状优势，早在 18 世纪，我国地方猪种在改良欧洲猪种的某些性状上起到了很大作用。

(2) 生长期短，发育快。猪和马、牛、羊比较，它的胚胎生长期和生后生长期最短，但生长强度最大，如表 1.1 所示。

猪在胚胎生长期较牛、羊、马的短，同胎中仔猪数又多，使得仔猪在胚胎期各组织器官得不到充分发育，先天不足。仔猪头的比例大，上肢不健壮，初生重小，占成年体重比例不到 1%，各系统器官发育不完善，对外界环境的抵抗力低，所以出生后的护理非常重要。

一、高效养猪基础知识

表1.1 猪、羊、牛、马生长强度

畜别	结合子（毫克）	初生（千克）	成年（千克）	孕期（天）	体重加倍次数			
					胚胎期	生长期	整个生长期	生长期（年）
猪	0.40	1	200	114	21.25	7.64	28.84	3
羊	0.50	3	60	150	22.52	4.32	26.84	2~4.5
牛	0.50	35	500	285	26.06	3.84	30.00	4~5
马	0.60	50	500	340	26.30	3.44	29.75	5

猪出生后，为补偿胚胎期内的发育不足，前两个月生长发育会特别快，而且饲料利用效率最高。1月龄体重为初生重的5~6倍（6.5~8千克），2月龄体重又为1月龄体重的3~4倍（25~28千克），这样迅速的生长发育，使它的各系统器官很快趋向完善，适应外界环境条件，断奶后至8月龄前生长仍很快，后备种猪8~10月龄体重达成年体重的50%左右，体长可达成年的70%~80%。一般培育品种6月龄可达90~100千克，以后生长则逐渐减慢，呈"S"形生长曲线，发育也不均衡。总的趋势是生长初期骨骼生长强度大，以后生长重点转移到肌肉，再晚脂肪沉积加强，所以我国劳动人民总结的"小猪长骨，大猪长肉，肥猪长膘"是有一定科学道理的。

（3）杂食动物，饲料来源广。猪是杂食动物，门齿、犬齿和臼齿很发达，胃是介于单胃与复胃之间的中间类型，因而能充分利用各种动植物和矿物质饲料，对食物有一定的选择性，能辨别口味，特别喜爱甜食。猪对饲料的转化效率仅次于鸡，而高于牛、羊，对饲料中的能量和蛋白质利用率高。试验表明，按采食的能量和蛋白质所产生的可食蛋白质比较，猪仅次于鸡，而大大超过牛和羊。猪的采食量大，消化道长，消化极快，能消化大量的饲料，以满足其迅速生长发育的营养需要。猪对精饲料有机物的消化率为76.7%，也能较好地消化青粗饲料，对青草和优质干草的有机物消化率分别达到64.6%和51.2%。但是，猪对粗饲料中粗纤维的消化较差，而且饲料中粗纤维含量越高对日粮的消化率也就越低。因为猪胃内没有分解粗纤维的微生物，几乎全靠大肠内微生物分解。所以，在猪的饲养中，注意精、粗饲料的适当比例，控制粗纤维在日粮中所占的比例，保证日粮的全价性和易消化性。我国地方猪种较国外培育品种具有较好的耐粗饲料特性。

（4）小猪怕冷，大猪怕热。猪是恒温动物，在正常情况下，猪体可以通过自身的调节来维持正常的体温。但猪的汗腺退化，皮下脂肪厚，在天热的时候，不能靠出汗来散发体温，脂肪层也阻止了体内热量的迅速散发。而初生仔猪的皮下脂肪少，皮薄毛稀，故保温性能差，散热快。又因小猪大脑皮质发育不全，神经传导功能也较差。因此，调节体温适应环境的能力弱。一般小猪的适宜环境温度为 22～35 ℃，大猪的适宜环境温度为 10～20 ℃。

（5）猪的嗅觉和听觉灵敏，视觉不发达。据研究，猪的嗅觉非常灵敏，对气味的识别能力比狗高 1 倍，比人高 7～8 倍；猪群之间、母仔之间的识别主要靠灵敏的嗅觉来完成，猪一生下来就能靠嗅觉寻找奶头的位置，3 天后就能固定奶头，在任何情况下都不会弄错。因此，寄养仔猪要从母猪未熟悉其仔猪气味之前进行，3 天以后要采取措施方可。

猪的性联系也是嗅觉起主导作用，成年公、母猪之间，有时相距几百米甚至几千米，都能相互取得性的联系，可判断出对方的方位。

猪的视力很差，视距较短，视野范围小，识别能力差，对事物的识别和判断只能起辅助作用，主要靠嗅觉和听觉来完成。如人工授精对公猪采精的训练，公猪对假母猪的外形没有任何识别能力，不管白、黑、花，不管真猪还是假猪，即使是个板凳，只要洒上发情母猪的尿，就可采出精来，这也说明猪不是靠视觉来鉴别真假的。我们利用这一特点，为开展猪的人工授精带来了很大的方便。

（6）适应性强，分布广。猪对自然地理、气候等条件的适应性强，是世界上分布最广、数量最多的家畜之一。从生态学适应性看，主要表现对气候寒暑的适应、对饲料多样性的适应、对饲养方法和方式的适应。但是，如果遇到极端的变动环境和极恶劣的条件，猪体出现新的应激反应，如果抗衡不了这种环境，生态平衡就遭到破坏，生长发育受阻，生理出现异常，严重时出现病患和死亡。例如，温度对猪生产力的影响，当温度升高到临界温度以上时，猪的热应激开始，呼吸频率升高，呼吸量增加，采食量减少，生长猪的生长速度缓慢，饲料利用率降低，公猪射精量减少、性欲变差，母猪不发情，当环境温度超出等热区上限更高时，猪则难以生存。

3. 猪有哪些行为特性？

猪和其他动物一样对其生活环境、气候和饲料管理等条件，在行为上的反应具有一定的规律性。随着养猪生产的发展，猪的行为活动方式越来越被生产者重视，人们对这些行为加以训练和调教，在创造适合于猪的生活习性的环境条件同时，使其后天行为符合现代化生产要求，以充分发挥猪自身的生产潜能，获得最好的经济效益。近几十年来，通过对猪行为的观察与研究表明，猪的行为一般可分为以下几种类型。

（1）采食行为。猪的采食行为与猪的生长发育，个体健康息息相关。猪是杂食动物，仔猪阶段尤喜甜食；粒料与粉料比，爱吃粒料；干料与湿料比，爱吃湿料。在人工饲养自由采食条件下，猪每次采食15～25分钟，并能充分体现其个性与嗜好，若饲料按蛋白料、能量料、微量成分料分别放置，猪会自己平衡日粮，猪的这种智力表现称为"营养智慧"；若采用限饲，猪每次采食时间会大为减少,为 10~15 分钟,采食速度加快,采食争斗增多。群养比单养吃得快,吃得多,但猪的采食是有节制的,因此,一般不会出现像马、牛那样因进食过多导致的胃扩张。

猪在采食时常发生伴随行为。例如,在采食的同时,喜欢用鼻吻端拱土或拱料。因此,在设计料槽时,应不留直角,避免饲料浪费。猪在采食过程中还伴随饮水行为,饮水的量与次数随猪的种类、气温、食物性质有很大差别,但是在摄食过程中,供应充足的饮水是无可置疑的。许多猪采食结束后,会伴随排泄行为,所以可在采食后将猪赶往排泄处排泄,并形成有益的条件反射,这样对保持栏内干燥卫生十分有利。

(2) 吸吮行为。仔猪在出生后约半小时就知道寻找母猪乳头吸吮母乳。吸吮行为与触觉行为、嗅觉行为、听觉行为以及印记行为一起组成最初的吮乳行为,该行为有强烈的方位感。因此,初生仔猪一经吸吮乳头(产后6小时内),将长期不会忘记这个乳头。利用这一行为特点可以按强弱大小、乳头前后,在首次吸吮时固定乳头,以期获得好的整齐度。利用这一行为可用奶瓶为缺乳仔猪哺食人工乳。吸吮行为是本能行为,随着猪只的成长会慢慢淡忘,但是在环境不良情况下,又会在断奶后记忆中出现,如吮耳、吮尾、吮血等。

(3) 体温调节行为。现代培育的猪品种,背膘趋薄,导致猪既不耐寒,又不耐热,但随年龄的增长,耐寒力会有所提高。在高温环境中猪的体温调节行为表现为喜卧少动,呼吸加快,张口呼吸,寻找泥水、粪尿水打滚等,并不时将身体潮湿的一面朝向空气中,将鼻孔对着空气流动的一方以利散热。若强行在烈日或高温下驱赶,猪会加快喘息,发生痛苦的呼噜声或嘶叫,还会自我保护性的跛行,若仍不能调节与稳定体温,会发生日射病或热射病,终因肺水肿、心衰、脑水肿而死亡。减少热应激对猪的伤害是猪场度夏的重要任务。在低温环境里,新生仔猪的反应最明显。仔猪将四肢蜷缩在腹下，以将冰冷的地面与薄皮的腹部隔开，并相互挤堆取暖，出现持续性肌纤维的震颤以增加产热。低温应激会使仔猪抵抗力明显下降，极易发生各种继发性感染，如肠炎、肺炎、各种传染病等。

（4）自洁行为。猪是有高度自洁行为的动物。猪一般在采食后，饮水或起卧时容易排粪尿，多选择圈内墙角、低湿的地方作为排泄点。采食后5分钟左右排粪1~2次，多者3~4次，常常是先排尿后排粪，而在两次采食的间隔时间内一般只排尿，夜间排粪2~3次，以早晨排粪、尿量最大。热应激可使排泄次数增多。

猪的自洁行为还表现在会利用棱角来清洁头面部，以及躯体部皮肤上的脱屑与异物；在适宜的温度下，会主动寻找水源来清洁皮肤。环境对自洁行为有重大影响，密度过大、炎热、圈舍地面潮湿肮脏、骚动应激等都会使自洁行为紊乱。

（5）争斗行为。争斗行为包括防御、进攻（侵袭）、躲避和守势的活动。争斗行为常发生在相互陌生的两头猪或两群猪之间，它的作用是确立等级。在生产中常见到的争斗行为是群体内为了争夺饲料和地盘所引起的，新合并猪群内相互交锋，除争夺饲料和地盘外，还有调整群居结构的作用。公猪比母猪好斗，但母猪在一定环境下，也会显示争斗行为。猪的争斗行为除了受个性特征影响外，主要受饲养密度的影响，饲养的群体过大或密度增加，猪的争斗频率也随之增加。因而，大群猪或高密度饲养时，猪的采食量和饲料利用率都有所下降，严重的表现为只吃不长。对于养猪生产者来说，不是去取消所有争斗，而是怎样减少或控制争斗，以减少损失，提高经济效益。

（6）印记行为。印记行为包括辨别、接近、伴随与学习的过程。猪的早期印记行为主要靠嗅觉印记和声音印记来区别亲母与同胞。母猪也靠印记来辨别非亲生仔。印记一旦形成，会延续终生。但猪的印记能力有限，群体过大（超过25头）会使个体印记能力降低，从而增加个体间的争斗。

4. 现代化生产模式下猪怎样度过它的一生？

母猪通过人工授精怀孕，经过114天怀孕期，仔猪就来到这个世界。刚刚出生的仔猪生活能力低下，完全依赖母猪的初乳提供免疫保护和营养。为了猪的一生平安、健康，从出生不久就要多次防疫，还要补铁，防止贫血。仔猪至少要吃奶3周以上，一般4周就被强行从母猪身边移走。这对仔猪是非常大的应激，需要良好的环境条件和饲料条件，度过断奶阶段。仔猪断奶以后，一般要到保育舍培育6周左右，当断奶仔猪的消化能力和适应能力有了较大的提高时，转移到育肥猪舍，在那里猪只要吃饱喝足，给猪提供干净温暖的舍饲环境，100天就可膘肥体壮出栏了。猪被运输到屠宰场，经过检疫、洗澡，然后被引入麻醉室（电麻或者气体麻醉），失去知觉后被分割、加工、储藏、包装、烹调，为人类提供优质、美味的动物蛋白。在传统的饲养模式下，猪营养不均衡，生长速度较慢，寿命较长；现在采用科学养殖，猪在系统周到的照顾饲养下，吃得少长得快，肥肉少瘦肉多，六个月体重长到90~100千克，是最理想的出售时机。因此，在现代化生产模式下，猪的一生只有短短的七八个月时间。

5. 现代化养猪生产有什么特点？

现代化养猪生产是指采用现代的科学技术和设施装备，按照工业生产方式组织养猪生产，进行集约化养殖与经营。根据年出栏商品肉猪的规模，猪场可分为三种基本类型，年出栏10 000头以上商品猪的为大型规模化猪场，年出栏3 000~5 000头商品猪的为中型规模化猪场，年出栏3 000头以下的为小型规模化猪场。主要有以下几个特点：

（1）运用现代畜牧科学技术，提高生产力。包括先进的遗传育种、营养需要、环境生理、猪的行为特性、专业化的机械设备和疫病防治等技术，不断提高生产效率和生产水平。

（2）规模较大，集约化饲养。一般年出栏商品猪万头以上，采用高密度（育肥猪或育成猪）或单圈饲养（公母猪），减少占地面积和猪舍的建筑面积。

（3）应用先进的机械设备和自动化仪器。为了提高劳动生产率，便于管理，尽可能装备必要的机械设备和自动化仪器。由于畜牧业自身的特点，不可能完全像工厂一样，根据当地实际情况和条件，所采取的机械化程度可以有所不同。

（4）营造适宜的生长环境。根据猪的生理特点，运用现代设备设施，有效控制猪舍环境，使养猪生产不受季节和温度的影响，从而可以使商品猪均衡地供应市场，为消费者提供可靠的猪肉产品，或者为养猪场、专业户提供优质的种猪。

（5）管理科学化，生产工艺化。采用科学的经营管理方法组织生产，一般采用分段饲养、全进全出饲养工艺，使生产和管理方便、系统化，提高生产效率，保证生产有序平稳地进行。

6. 养猪周期产生的原因是什么？

猪周期是一种经济现象，指"价高伤民，价贱伤农"的周期性猪肉价格变化怪圈。"猪周期"的循环轨迹一般是：肉价上涨——母猪存栏量大增——生猪供应增加——肉价下跌——大量淘汰母猪——生猪供应减少——肉价上涨。猪肉价格上涨刺激养殖户补栏的积极性，造成供给增加，供给增加造成肉价下跌，肉价下跌打击了养殖户的积极性，又造成供给短缺，供给短缺又使得肉价上涨，周而复始，这就形成了所谓的"猪周期"。主要由以下几种原因引起：

（1）生猪供给不稳定。目前，我国规模化饲养程度还比较低,还存在着大量的散养户,而这些散养户的文化程度不高,对科学养殖也难以掌握。面对如过山车一样的市场波动,抵御风险的能力比较弱。在猪肉价格波动导致盈利变化时,散养户进出市场导致了供给的大幅波动。

(2) 规模化饲养程度低。在生猪价格历次波动中,散养户缺乏准确的市场信息和预测能力,只能随生猪价格的涨跌,或盲目扩张生产,或恐慌性退出生产。近年来,虽然我国生猪养殖规模逐年提高,但各地区生猪养殖规模仍以年出栏数1~49头为主。以出栏量前十大省份为例,2012年,出栏量排名前十的省份年出栏量1~49头的比重平均为38.86%,而年出栏量1万头以上的比重平均仅为7.32%。其中规模化养殖程度最低的为云南省,年出栏量1~49头的比重高达83%。相比而言,广东省规模化程度最高,年出栏量1万头以上的比重高达17%,远远高于其他省份。

(3) 疾病加剧产业波动。在生猪存栏不足的时候,疫病暴发会导致供给进一步减少,推高猪价上涨;在生猪存栏过剩时,疫病暴发会导致养殖户恐慌性出栏,导致猪价进一步下跌。比如,2010年冬季到2011年春季,一些省区发生仔猪流行性腹泻,个别养殖场小猪死亡率高达50%。疾病导致供应减少,大大推动猪肉价格上涨。

(4) 生猪养殖周期性影响。生猪养殖具有周期较长的特性。散养户以当年市场价格为标准预期未来收益,陷入"蛛网困境",生产计划赶不上变化,产量赶不上市场变动的节奏。当肉价高涨,养殖户会选择多养母猪以扩大产量,但从母猪育种到最终成猪出栏量扩大的时候,市场已近饱和,猪肉价格可能早已经接近顶峰的水平,肉价已经开始下跌;而肉价的下跌又迫使养殖户削减母猪以减少产量,当产量下降到一定程度,将再次引起猪肉价格上涨。

一、高效养猪基础知识

7. 猪粮比价为什么是判断养猪效益的重要指标？

猪粮比价是指生猪出场价格与玉米批发价格的比值，是判断生猪生产和市场情况的基本指标。按照国家新出台的《缓解生猪市场价格周期性波动调控预案》，将猪粮比价6∶1和8.5∶1作为预警点。猪粮比价在6∶1~8.5∶1之间，属于绿色区域（价格正常）；在8.5∶1~9∶1或6∶1~5.5∶1之间，属于蓝色区域（价格轻度上涨或轻度下跌）；在9∶1~9.5∶1或5.5∶1~5∶1之间，属于黄色区域（价格中度上涨或中度下跌）；高于9.5∶1或低于5∶1，属于红色区域（价格重度上涨或重度下跌）。根据猪粮比价的变动情况，政府将启动发布预警信息、储备吞吐、调整政府补贴、进出口调节等措施。

生产成本是构成猪价格的基本要素，是定价的重要基础，包括生产过程中消耗的各种饲料费、固定资产的折旧费、劳动工资管理费、药品防疫费、能源消耗费等。在生猪生产过程中，饲料成本占养猪成本的70%以上，而猪的饲料中很大一部分来自粮食。因此，粮食的产量和价格直接影响生猪生产的数量和价格。生猪生产的实践表明，猪价与粮价之间存在一种必然的、相互适应的规律，即"猪粮比价规律"，合乎这一规律，就可以实现产销的宽松平衡，否则就必然出现产大于销或产不足销的被动局面。猪粮比越高，说明养殖利润情况越好。

8. 我国发展养猪生产经历了哪些阶段？

我国养猪历史悠久，品种资源丰富。随着改革开放和现代科学技术在养猪业中的广泛应用，我国养猪业已取得了可喜的成绩，已发展成为世界养猪大国。综观新中国成立以来中国养猪业的发展历程，经历了三个阶段：

第一阶段：从新中国成立到20世纪70年代末。这一阶段是我国养猪业的恢复时期，其特点是低投入、低产出、低效益。养猪是农民的一种家庭副业，其目的是为了积肥与肉食品自给，是一种以千家万户为主体的传统分散型养猪形式。饲养方式以粗放传统的青粗饲料和农副产品如糠麸、糟渣等为主；饲养的品种多为脂肪型和兼用型，瘦肉型猪种极少；改良主要以引进的脂肪型和兼用型品种与地方猪，筛选一些优良杂交组合生产育肥猪；育种以"着重加强地方品种选育，同时积极培育新猪种"为目标，这是1972年"全国猪育种科研协作组"成立后，提出的方针，有的地方还提出了"三化"，即"公猪外来化，母猪本地化，商品猪杂交化"，推动了兼用型猪新品种培育工作的开展。先后培育了哈白猪、上海白猪、北京黑猪、新金猪等一批新品种；饲养技术以传统的饲养经验和方法为主，同时推广应用了水生饲料、青贮饲料、糖化饲料；配种技术以本交为主，同时人工授精技术在一些地区得到了推广应用；疫病防控贯彻"预防为主，治疗为辅"的方针，研制出了猪瘟兔化疫苗，推广了猪瘟、猪丹毒、猪肺疫等几大传染性疾病的疫苗注射和控制技术。建立了全国性的兽医防疫体系，有效地控制了猪瘟等重大疫病的流行。

第二阶段：20世纪70年代末到90年代初。这一阶段是我国养猪业的快速发展时期，养猪生产已开始由传统分散型向现代集约型转变，规模化养猪已成为发展趋势，但传统养猪仍占较大比例。育种目标逐步由脂肪型、兼用型向培育瘦肉型猪新品种（系）转变。1978年后，我国逐步开始瘦肉型猪新品种（系）培育和杂交生产，特别是1980~1982年直接从原产地引进了丹麦长白、英国大约克、美国杜洛克和汉普夏等世界著名瘦肉型猪种后，加速了我国瘦肉型猪育种工作和杂交生产的开展。在育种技术和方法上，采用典型设计、群体继代选育培育新品种（系），活体测膘技术已开始在猪育种中应用，先后培育出了三江白猪、湖北白猪、浙江中白猪等一批瘦肉型猪新品种（系），1985年在

一、高效养猪基础知识

武汉建立我国第一个种猪测定中心，并提出以"现场测定为主，集中测定为辅"的测定制度，促进了我国种猪测定工作的发展。饲料工业开始起步，1983年我国出台了《猪的饲养标准（肉脂型）》，1985年提出了中国瘦肉型猪饲养标准，编制出《猪鸡饲料营养价值成分表》和《中国饲料数据库》。随着猪能量、蛋白质、氨基酸、微量元素等一系列营养参数的完善，我国饲料工业和饲料配合技术迅速发展，先后研制出了猪系列饲料配方，猪用预混料、浓缩料、添加剂，并广泛推广应用，促进了我国养猪水平的提高。生产技术不断提高，以鲜精为主的人工授精技术有了较大发展，也引进了冻精、冻胚等技术。商品猪生产，广泛开展杂交组合试验和配合力测定，筛选杂优组合，在"六五"攻关期间，优选出的杜湖、杜浙、杜三、杜长太、杜长大等多个杂优组合，促进了我国商品瘦肉猪生产的蓬勃发展。随着规模化猪场的发展，环境控制技术、粪污处理技术也开始研究应用。规模化猪场疫病控制主要转向病毒病诊断技术和疫苗的研制与开发。

第三阶段：20世纪90年代以后。这一时期是我国现代化、标准化、集约化养猪发展的重要阶段，养猪产业已成为我国农牧业的一项支柱产业。现代设备设施装备养殖场，伴随我国养猪产业化的发展，一些新型猪舍建筑材料、设施、设备和产品装备了一批现代化的大型工厂化猪场，实现了标准化生产。特别是引进开发了粪污处理设施设备，生产生物有机复合肥、建设沼气池进行粪污处理和再生利用等，减少了环境污染，提高了养猪的综合经济效益。养猪生产的工艺流程化，采用分段饲养、全进全出饲养工艺。实行工厂化生产，流水式作业，从猪的配种、妊娠、保育、生长肥育以至销售形成一条龙，各阶段都有计划、有节奏地进行，保证均衡生产不脱节，最大限度地利用猪舍设备。饲料工业快速发展，应用现代计算机技术，可根据不同生长阶段猪的生理特点、营养特点、生产特点，生产专门化饲料。如代乳料、仔猪抗应激料、早期断奶料等饲料高新技术产品，显著地提高了仔猪的成活率。据报道，2013年我国生产饲料产品1.47亿吨。养猪生产产业化，随着我国农业产业结构的调整，千家万户的养猪生产已逐渐转向专业化、规模化、工厂化的发展方向，一批龙头企业不断发展壮大，形成产、供、销一体化经营，提高了企业抗风险能力。种猪育种专门化，我国畜牧科技工作者充分利用国内外两类猪种基因资源，培育出了多个专门化父母本品系，以适应不同市场需求，并配套生产。种猪测定工作得到广泛开展，现场测定在大型种猪场广泛应用，同时分子生物技术在我国猪育种方面的研究和应用也迅速展开；在规模化养猪疫病控制方面，研究开发出了主要病毒病的监控技术、抗体检测技术以及快速诊断试剂盒等，研制出了新型的基因灭活疫苗、基因缺失疫苗。

9. 我国养猪生产主要存在哪些问题？

改革开放后，我国的养猪业得到迅猛发展，不仅有力地促进了我国农村经济的发展，而且带动了饲料、兽药、屠宰加工、物流等相关产业的快速发展。但与西方国家相比，我们仍有很大的差距。饲料原料不足、环境遭到污染、畜产品药物残留严重、产业规模化不足等一系列问题严重制约着我国养猪业的可持续发展。

（1）资源匮乏渐成瓶颈。养猪业的发展与自然资源有着密切关系，虽然养猪业不如种植业那样直接与土地、水等自然资源形成生产体系，但由于养猪业与种植业息息相关，间接决定了自然资源对养猪业的制约。除农业自然资源日益紧缺的客观现状外，饲料利用率低、利用方式粗放落后、浪费严重、破坏严重等现象也普遍存在。另外，随着城市框架的不断扩张，挤压了养猪业的发展空间，成为制约养猪业可持续发展的瓶颈。

（2）环境污染治理成为新挑战。养猪业对环境的污染已经

一、高效养猪基础知识

成为社会关注的热点问题之一。环境污染和生态环境恶化给养猪业可持续发展造成了严重的威胁，是养猪业持续发展面临的严峻考验。近年来，我国规模化、工厂化养殖发展较快，工厂化养殖生产效率高，为满足我国城乡居民的猪肉需求做出了贡献，但由于养殖场对环境污染治理乏力，环境污染情况日趋严重。养殖场和畜产品加工厂排出的污水、废弃物、有害气体等，都会对空气、水、土壤等各环境因素造成污染，并由此对人畜健康、自然环境及畜牧生产造成各种危害。据统计，一个年出栏10 000头的商品猪场，如果采用水冲清粪的方式，日排出粪污量可达100~150吨，年排出粪污量可达3.6~5.5万吨，相当于50 000人排泄的粪尿BOD值。因此，如何在发展的过程中解决"环境污染与生态环境恶化"问题是当前养猪业面临的重要问题。

（3）地方品种资源数量逐渐减少。我国是一个猪品种资源丰富的国家，但地方猪种的某些生产水平不高。人们为了眼前的利益，单纯追求产量的增加而盲目引种，无计划杂交，使得我国猪种资源的数量不断减少，猪肉的品质及风味不断下降。据统计，全国有40%以上的地方猪品种群体数量有不同程度的下降，相继有14个地方品种被确定为濒危资源；有5个品种为濒临灭绝资源；深县猪、项城猪、豪杆嘴型内猪、大普吉猪4个品种（类群）已灭绝。品种内遗传多样性丰富度降低，许多地方品种（类群）的母猪数量急剧下降，公猪头数与血统数锐减，品种内的遗传多样性日益缩小，遗传变异日益枯竭，遗传基础愈来愈狭窄。

（4）猪病日趋复杂。近年来，猪病的发生已经出现了根本性的变化。虽然现代生产系统已经控制住了由单一病原体引发的传统疾病，但是主要由病毒间复杂的相互作用引发的新型综合病症越来越难治，严重影响了养猪生产者获得预期的利润。

（5）资金投资大，融资困难。随着规模化、现代化养猪业的发展，传统的养殖模式已经逐渐退出，养猪已经成为高投入、高风险、高科技的行业。猪场要发展壮大，需要大量资金投入，我国的养猪企业大多数是租赁土地，没有土地所有权，很难从银行获得贷款，上市融资更是遥不可及，从而影响了养猪场（户）的进一步发展，进而制约了养猪业整体的可持续发展。

10. 养猪业的发展前景和方向如何？

（1）规模化是养猪发展的必由之路。随着疫病、市场风险的加大以及人们对畜产品质量要求越来越高，千家万户的分散饲养已经难以适应养猪业发展的趋势，将逐步退出养猪市场。发展规模化是实施标准化生产、提高畜产品质量的必要基础，是增加经济效益和抵抗市场风险的有效途径。据报道，到2020年，我国规模化养猪比例有望上升到70%左右。由农户养猪主导的大起大落的养猪市场将转为较为平缓的由工厂化主导的养猪市场，将促进养猪业稳定、健康发展。

（2）地方猪品种将受到重视。目前，人们对养猪生产提出了优质、高效、可持续发展的新要求，对优质猪肉需求越来越迫切，优质肉生产已经成为今后一段时期育种的战略方向。以地方猪品种为基础的新品系选育，已将胴体瘦肉率列入主选性状（要求达到55%以上），肉质也被列为重要的选育内容。中国地方猪品种肉质优良，肌纤维很细，肌细胞内肌红蛋白丰富，肌内脂肪含量高，肉色鲜红，系水力高，这些优秀特性在优质肉生产中具有重要意义。因此，利用地方品种做母本与外来猪种杂交利用，或利用其导入外血选育新品系作为杂交配套系利用，是生产优质猪肉的一条重要途径，也是促进地方品种保存的一个有力措施。在未来的养猪生产中，中国地方品种将发挥重要的作用。

（3）生态健康养殖将成为未来养猪潮流。健康养猪是根据猪的生物结构特性，运用生态学、营养学等原理来指导生猪养

一、高效养猪基础知识

殖，为猪营造一个优良的、有助于快速生长的生态环境，并且提供充足的全价营养饲料，使猪在生长发育期间，最大限度地减少疾病的发生，养成的商品猪肉无污染，无药物残留，实现养殖生态体系平衡，人与自然的和谐发展。

（4）福利养猪快速发展。随着人们对动物福利的呼声不断加强，今后福利养猪会越来越得到重视和发展。人们在环境改造、畜栏设计、日常管理、转运方式等方面，都要充分考虑猪的解剖生理特点和生命本能需求，给予猪人道化的饲养制度和管理措施，让猪在一个友好的环境下生存，使猪不受饥渴、不受伤害、无恐惧，让猪吃得舒服、住得舒服。

（5）猪肉安全问题日益受到重视。随着我国城镇化水平的不断推进以及居民收入水平的提高，肉类供给不足的时代已经过去，消费者对于安全猪肉的需求意愿愈发强烈。猪肉安全日益受到人们的重视，实施健康绿色猪肉战略是养猪业发展的必然。

（6）养猪环保要求日益提高。畜牧业已成为一个不可忽视的污染源，严重制约了畜牧业的可持续发展和生态环境建设。《畜禽规模养殖污染防治条例》的实施，要求企业必须解决养殖场的粪污问题。未来的养猪业是养猪环保与资源的综合开发利用，猪全身都是宝，关键是我们资源开发利用的意识和能力。猪的饲料要按环保和营养标准合理配制，控制好重金属用量，生产设备和工艺要科学化，减少水和饲料的消耗，减少污水的排放，实施污水的处理排放和沼气的生产利用，实现猪粪加工生产复合肥，实现饲料、粪肥与农业的良性互动发展。

二、高效养猪环境控制技术

11. 养猪业为什么要重视养殖污染防治问题?

近年来,随着养猪规模不断扩大,猪场粪便、污水等养殖废弃物的产生量也迅速增加,养猪业污染已成为我国畜牧污染的重要来源。由于我国畜禽养殖业发展缺乏必要的引导和规划,更多的是自发地、单纯地面向市场需求自由发展,导致我国养猪业布局不合理、种养脱节,部分地区养殖总量超过环境容量,加之养殖污染防治设施普遍配套不到位,养殖场粪便、病死猪、废水等废弃物处置不当,污染物随意排放,导致病原微生物传播,加大了生猪疾病防疫的难度。过量的磷、有机物排入农田,使农田肥力过剩,造成农作物营养过盛而减产;排入养殖水体,使水体水质富营养化,微生物大量繁殖,吸收水中大量的氧,使水中氧含量降低,导致养殖减产。同时,病原微生物中可能存有人、畜共患病病原,存在人畜共患病交叉感染、流行的可能。因此,养猪业要实现可持续发展、实现产业优化和升级,就必须搞好废弃物的综合利用,走种养结合、种养平衡的路子。同时,国家也出台了《畜禽规模养殖污染防治条例》,就是要推动畜禽养殖业从加强科学规划布局、适度规模化集约化发展、加强环境设施建设、推进种养结合、提高废弃物利用率入手,提高畜禽养殖业可持续发展能力,提升产业发展水平,提升产业综合效益。

二、高效养猪环境控制技术

12. 《畜禽规模养殖污染防治条例》对养殖场都有哪些规定？

我国是畜牧业大国，随着畜禽养殖规模不断扩大，畜禽粪便、污水等养殖废弃物的产生量也迅速增加，畜禽养殖污染已成为我国农业污染的首要来源。

《条例》要求，畜禽养殖场、养殖小区应当根据养殖规模和污染防治需要，建设相应的畜禽粪便、雨污分流设施，畜禽粪便、污水储存设施，有机肥加工、制取沼气、沼渣沼液分离和输送、污水处理、畜禽尸体处理等综合利用和无害化处理设施。但已经委托他人进行综合利用和无害化处理的，可以不自行建设。

《条例》对畜禽养殖废弃物排放做出了严格规定，要求向环境排放经过处理的畜禽养殖废弃物，应当符合国家和地方规定的污染物排放标准和总量控制指标。畜禽养殖废弃物未经处理，不得直接向环境排放。染疫畜禽以及染疫畜禽排泄物、病死或者死因不明的畜禽尸体等病害畜禽养殖废弃物，应当按照规定进行深埋、化制、焚烧等无害化处理。

《条例》鼓励对畜禽养殖废弃物进行综合利用，规定利用畜禽养殖废弃物进行沼气发电的，依法享受国家规定的上网电价优惠政策。利用畜禽养殖废弃物制取沼气、天然气的，依法享受新能源优惠政策。

《条例》对在饮用水水源保护区建设畜禽养殖场、养殖小区，排放畜禽养殖废弃物不符合国家或者地方规定的污染物排放标准或者总量控制指标，或者未经无害化处理直接向环境排放畜禽养殖废弃物等违法违规行为，明确了处罚措施。

13. 环境对高效养猪有何影响？

良好舒适的环境，可对猪只的生长发育起到促进作用，实现生产的良性循环，经济效益高。当环境恶劣时，就会带来不良后果，经济效益低。因此，重视环境的影响，对养猪生产具有重要的现实意义。

(1) 温度。温度是影响猪生产性能的重要因素之一，猪是恒温动物，对体温调节的能力差，当猪舍内高温、高湿、空气流通差时，猪群会感到非常炎热，采食量下降，生长缓慢，繁殖性能下降，母猪摄入的能量和营养不足，会导致仔猪的发育、营养不良和免疫力下降。据报道，当猪处于上限临界温度以上时，每增高1℃，日增重减少30克，饲料消耗增加60~70克；当猪处于下限临界温度以下时，每下降1℃，日增重下降11~20克，饲料多消耗25~35克。事实证明，猪在适宜的温度条件下，饲料利用率高、增重快，每增加1千克体重，约需3千克饲料。如果温度上升到35℃以上或下降到5~10℃，由于饲料利用率降低，增重很慢，每增加1千克体重，就需消耗饲料7~8千克，比在适宜温度下多消耗1倍多的饲料。一般猪舍的适宜温度为哺乳仔猪25~30℃，育成猪20~23℃，成年猪15~18℃。

(2) 湿度。空气在任何温度下都含有水汽。空气湿度一般总是与空气温度共同对猪产生影响。在适宜的温度条件下，湿度对猪影响不大。当高温高湿时，由于湿气导热性强，空气温度升高，显得更加闷热，猪体散热就更困难。当低温高湿时，猪体散热量显著增加，感到更冷。即无论环境温度高低，高湿对热的调节都是不利的。

当温度适宜时，相对湿度45%~75%或90%时，均对猪的采食量和日增重速度影响不大。但是若环境卫生不良时，会引起病原微生物的繁殖，使猪易患疥癣、湿疹等皮肤病，呼吸道及各种感冒性疾病，引起饲料、垫草发霉而影响猪的健康。在低温高湿的情况下，可使猪日增重减少36%，产仔数减少28%，每千克增重耗料增加10%。在高温高湿情况下，猪的增重更慢，而且还大大增加了死亡率。

温度和湿度是一对极为重要的环境因素,不仅互相影响,而且同时作用于猪体。相对湿度50%~80%对猪的育肥效果最好。

(3) 有害气体。由于猪舍内猪的呼吸、排泄以及排泄物、饲料、垫草等的腐败分解,使猪舍中二氧化碳含量增加,同时产生一定量的氨、硫化氢和甲烷等有害气体及臭味,这对猪的健康和生产力的发挥都有不良影响。有害气体的积累,取决于猪舍的封闭程度、通风条件、粪尿处理和养猪密度等因素。

①氨气对猪的影响:猪舍内氨气浓度每立方米不能超过20~30毫克。如果超过100毫克,猪日增重减少10%,饲料利用率降低18%;如果超过400~500毫克,就会引起黏膜出血,严重时会发生结膜炎、支气管炎、肺炎,甚至引起肺水肿、中枢神经系统麻痹、中毒性肝病和心肌损伤等,如不及时抢救,会发生死亡。

②硫化氢的影响:硫化氢气体是一种神经中毒剂,有强烈的刺激性,当猪舍内每立方米含量超过550毫克时,可引起眼和呼吸道的炎症,如角膜炎、角膜溃疡;若浓度很高时,可直接抑制呼吸中枢,产生中毒性肺炎,导致猪窒息而死亡。猪舍内硫化氢浓度每立方米空气中不宜超过10毫克。

③二氧化碳的影响:猪舍内二氧化碳的浓度每立方米不能超过4%,否则可造成空气缺氧,使猪食欲减退、增重缓慢、精神不振、体质下降。猪舍内二氧化碳的标准浓度不超过0.15%。

④微生物与尘埃:空气中广泛存在着各种微生物,其数量随空气湿度、温度和尘埃情况的不同而有差异。当猪舍气温、湿度适宜时,空气中尘埃越多,微生物就越多。尘埃可以说是微生物的载体,在通风不良或经常不透阳光的猪舍,灰尘促进各类微生物的繁殖,每立方米空气中细菌达100万个。猪舍中常见的微生物中,有少量的黄曲霉菌、毛霉菌和较多的腐生菌、放线菌等。猪的许多病菌,可通过尘埃进行传播。

猪舍内的灰尘对猪的健康也有影响。灰尘落在猪体上，会影响皮肤的散热，使皮肤发痒甚至发炎、干燥、破裂；灰尘被猪吸入呼吸道，对鼻腔黏膜产生机械性刺激；灰尘还常带有病原微生物，会使猪感染其他疾病。应及时清除猪舍污物，避免尘土飞扬，保持合理的通风换气，保持室内空气新鲜，定期清洗消毒。

（5）密度。一般来说，饲养密度指每头猪所占有的猪床或猪栏面积（米^2/头）。饲养密度的大小直接影响猪舍的温度、湿度、通风、有害气体和尘埃微生物的变化和含量，也影响猪的采食、饮水、排泄、活动、休息、争斗等行为。夏季饲养密度过大，猪体散热多，不利于防暑；冬季适当增大饲养密度，有利于提高猪舍温度；春秋饲养密度过大时，会因散发水汽多，促使细菌繁殖，有害气体也会增多，使环境恶化。同时，饲养密度过大时，还会影响猪的采食量，休息时间缩短，强欺弱的机会增多，使猪长得大小不齐，影响饲料的利用率。

一个圈舍到底养多少头猪合适，要看猪舍面积大小和每头猪应占多少面积而定。每头哺乳母猪应占面积为3.25平方米，每头断奶仔猪为0.37平方米，每头青年猪为0.6平方米，每头育肥猪为1平方米，每头种母猪为1.4~1.6平方米，每头种公猪为2平方米以上。

14. 现代化猪场建设选址有哪些要求？

猪场的选址涉及土地面积、地势、水源、防疫、交通、供电、排污与环保等诸多方面，需要周密计划，事先勘察，才能选好场址。

（1）面积与地势。要把生产、管理和生活区都考虑进去，并留有余地，计划出建场所需占地面积，自繁自养猪场生产区面积按每头繁殖母猪50平方米计算。要求地势干燥、平坦或缓坡、向阳背风，山区则选择相对容易隔离的地段。如为坡地，坡度以

20°为准。猪场的最佳地形坐向为坐北朝南,利于猪舍的通风和采光。切忌把大型养猪场建到山窝里,影响猪场的通风换气,导致整个场区常年处于恶劣空气环境中。

(2) 防疫。距主要交通干线公路、铁路要尽量远一些,距居民区至少2千米以上,既要考虑猪场本身防疫,又要考虑猪场对居民区的影响。猪场与其他牧场之间也需保持一定距离。

(3) 交通。既要避开交通主干道,又要交通方便,因为饲料、猪产品和物资运输量很大。要求猪场距交通主干线400米以上,距离一般公路200米以上。

(4) 供电。场地要距离供电源头近一点,一般距离要求最好为1.5千米以内,减少供电过程的能耗,但需要与高压电线保持一定的距离,避开50千伏以上高压线路50米以上。

(5) 水源。规划猪场前先勘探,水源是选场址的先决条件。一是水源要充足(包括人、畜用水),一个万头猪场日耗水量150~250吨;二是水质要符合饮用水标准。

(6) 排污与环保。猪场周围有农田、果园,要便于自流,能消耗大部或全部粪水是最理想的。否则需把排污处理和环境保护作为重要问题规划,特别是不能污染地下水和地上水源、河流。如果污水未经处理,直接排入河流,会直接对当地环境造成严重污染,因此在规模化猪场选场址时,污水处理场所的确定,至关重要,一般污水处理区设计在猪场地形和风向下游,有利于自然排污和保证猪场生产区和生活区减少臭味。

15. 如何科学规划设计现代化猪场?

现代化养猪是一个集畜牧兽医、饲料营养、机械电子、经营管理和生物工程等多科学的系统工程。搞好场地、总体布局、猪舍设施的规划设计,可为今后的生产和发展奠定良好的基础。

(1) 养猪场总体布局。猪场建设时,依据有利于生产、防疫、运输与生活管理的原则,各功能区布局根据地势由高到低和风向自上而下的排列顺序,如图2.1所示。

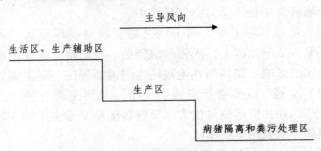

图2.1　养猪场地形风向示意图

①生活区:包括办公、接待、财物、食堂、宿舍等,是猪场管理人员日常生活处。

②生产辅助区:包括饲料厂及仓库、水塔、水井房、锅炉房、变电所、车库等。

③生产区:包括各类猪舍及生产设施,其建筑面积占整个猪场的70%~80%。生产区应分种猪区、仔猪区和育肥区,各区间至少应有40米的隔离带,种猪场需50米以上。

生产区布局要求:种猪舍要求与其他猪舍隔开,形成种猪区。种猪区应设在人流较少和猪场的上风向,种公猪在种猪区的上风向,防止母猪的气味对公猪形成不良刺激,同时可利用公猪的气味刺激母猪发情。分娩舍既要靠近妊娠舍,又要接近培育猪舍。育肥猪舍应设在下风向,且距离出猪台较近。在设计时,要注意猪舍方向与当地夏季主导风向成30°~60°,使每排猪舍在夏季得到最佳的通风条件。总之,应根据当地的自然条件,充分利用有利因素,从而在布局上做到对生产最为有利。在生产区的入口处,应设专门的消毒间或消毒池,以便对进入生产区的人员和车辆进行严格的消毒。

④病猪隔离及粪污处理区：应设在生产区的下风方向，远离生产区，在地势较低处，以防止污染生产区。

⑤兽医室：设在生产区内，病猪隔离与生产区之间，便于对病猪及时处理。

（2）道路布局。道路布局对生产、防疫和提高工作效率有重要作用。生产区内道路应净道污道分开，互不交叉，出入口分开。净道为人、饲料、产品的通道，污道为粪便、病猪、废弃物的专用道。

（3）水塔。自设水塔是保障清洁饮水正常供应的设施，位置选择要与水源条件相适应，且应安排在猪场最高处（图2.2）。供水条件好的可以不考虑。

图2.2　猪场供水塔

（4）排水。场区地势宜有1%～3%的坡度，路旁设排水沟，以利于雨雪水的排出。猪场废物、污水处理是猪场疫病控制的一个组成部分，猪场应结合本场特点，建立完整的废物、污水处理系统。

（5）绿化。绿化不仅可以美化环境，净化空气，还可以防暑、防寒，改善猪场的小气候，同时可以减弱噪声，促进安全生产,从而提高经济效益。在猪场周围植树,可以形成防疫屏障,减少猪场疾病的传播。因此,在进行猪场总体规划时,一定要考虑和安排好绿化。在猪场周围,猪场的生活区、生产区、生产辅助区间,生产区的种猪区、保育区、育成育肥区间都应设较宽的绿化隔离带,即便是同一区内的每栋猪舍间也要绿化。绿化应占总场面积的30%左右。

16. 猪场建设规模越大越好吗?

经济学理论告诉我们:规模才能产生效益,规模越大效益越大,但规模达到一个临界点后其效益随着规模呈反方向下降。养猪规模太小了不行,但也不是规模越大越好,要以适度为宜。养猪规模过大,资金投入相对较大,饲料供应、猪粪尿处理的难度增大,市场风险也随之增大。所以养猪场(户)要根据自身实力(如财力、技术水平、管理水平)、饲料资源、土地资源、市场行情、产品销路以及卫生防疫等条件,结合猪的头均效益和总体效益来综合考虑养猪规模的大小。

一般农村养猪专业户条件较好的以年出栏育肥猪50~100头的规模为宜。这样的养猪规模,在劳动力方面,饲养户可利用自家劳动力,不会因为增加劳动力而提高养猪成本;在饲料方面,可以自己批量购买饲料原料、自己配制饲料,从而节约饲料成本;在饲养管理方面,饲养户可以通过参加短期培训班或自学各种养猪知识,很方便、很灵活地采用科学化的饲养管理模式,从而提高养猪水平,缩短饲养周期,提高养猪的总体效益。

如果要办大型规模化养猪场,以年出栏育肥猪1万头左右规模为宜。在目前社会化服务体系不十分完善的情况下,这样的养猪规模可使养猪生产中可能出现的资金缺乏、饲料供应、饲养管理、疫病防治、产品销售、粪尿处理等问题相对比较容易解决。

17. 现代化猪舍建筑形式和基本结构有哪些？

（1）猪舍的建筑形式。

①传统的单、双坡式猪舍：传统单坡式猪舍跨度小，结构简单，光照和通风好。其中开放式和半开放式造价低，适合小型猪场采用；有窗封闭式适合规模猪场的种公猪、后备猪、待配母猪等，采光通风效果好，山墙可安装湿帘和排风扇，解决夏季降温问题。双坡式猪舍跨度大，保温效果好，其中窗式猪舍造价高，多用于规模猪场的产房、保育舍和怀孕猪舍（图2.3）。含保温材料的卷帘式猪舍造价低于有窗式猪舍，通风采光效果好。半开放式的造价更低，在开放部分冬季覆盖塑料薄膜，夏季覆盖遮阳网，用作育肥猪舍效果也很好，但是不是一次性投资，每年冬夏季节都要采取措施，所以目前规模猪场一般都不采用。

图2.3 双坡式猪舍

②装配式猪舍：装配式猪舍一般为框架结构，跨度在12～15米，多设四列五通道，长度为100米左右，侧墙上装有轴流式风机，两边为卷帘幕，舍内湿帘降温，集约化程度高，一栋猪

舍饲养规模在3 000~5 000头,配套设施先进,采用机械刮粪,自动饲喂等机械化程度比较高。此类猪舍适合5 000头以上的大型猪场,投资额较大(图2.4)。

图2.4 装配式猪舍

③楼房式猪舍:为节约土地资源,在土地比较紧缺的地区可以采用楼房饲养,楼房建筑承重强,结构复杂,猪场建设成本高。楼房饲养密集度较高,要求管理严格,防疫消毒到位,通风采光要好,猪群尽量不串层。楼房猪舍适合大型猪场,投资额比较高(图2.5)。

图2.5 楼房式猪舍

二、高效养猪环境控制技术

(2) 猪舍的结构。

①墙壁：要求坚固、耐用、保温性能好，便于冲刷消毒，较理想的墙壁为空心砖砌墙，水泥勾缝，离地1米水泥抹面。近两年开发了新型建筑材料，例如12厘米的墙体，外面全部粘贴珍珠岩做保温层；或者采用挤塑板外边涂一层黏结砂浆；或者在玻璃钢板中间放15厘米泡沫板，保温隔热效果都比较好。

②屋顶：目前，在保温隔热方面，一些新建猪场多采用进口新型材料做钢架支撑系统，瓦楞钢房顶板并夹有玻璃纤维保温棉；或利用上下彩钢板，中间加10~15厘米塑料泡沫板保温隔热；或者上下水泥瓦中间加挤塑板，效果都比较好。

③地面：地面要求坚固耐用，利于冲刷消毒，既不打滑，又不磨损猪的肢蹄，有保温隔热性能。比较理想的地面是水泥勾缝平砖式，或者是前2/3是水泥勾缝平砖式，后1/3是水泥地面，并有3%的坡度，或前2/3是水泥地面，后1/3是漏缝地板。

④粪尿沟：为节约用水，减少污水排放量，猪舍清粪应采用粪尿分离法。舍内设地漏与舍外粪尿沟相通，在距猪舍南墙40厘米处设宽大于30厘米的粪尿沟，并加盖水泥盖板，以防雨雪水混入而加大污水处理量和臭气四溢。为防止粪尿沟堵塞，可多设几处沉淀池，定期清淤。

⑤门窗：全封闭猪舍在饲喂通道处设高1.8~2米，宽1米的门，南北墙均设窗户。为节约能源，使夏季的凉风直接吹过猪体，窗户应与猪所处的位置一致，南窗尽量大，以利采光。东西山墙应设排风扇和湿帘，夏季温度过高时，开启湿帘通风降温系统。半开放猪舍无南墙，南部开放部分冬天扣塑料棚，夏季盖遮阳网，北墙必须设底窗，对夏季通风降温作用很大，若有条件者，猪舍窗户最好装双层玻璃，玻璃窗设墙内轨道，可以开启窗户得到最大通风量。但是，窗户要设置纱网，以防鸟类和蚊蝇进入猪舍。

⑥猪栏：猪舍内除产房、保育床，怀孕母猪有的设单体栏外，一般均需建隔栏。隔栏的材料基本上有两种，一种是东西通长隔栏为钢栅栏，用12号或14号钢筋焊接而成，有利于喂料、管理、观察猪群和通风。另一种是相邻猪栏为12厘米宽砖砌墙水泥抹面的隔栏或水泥板，可以有效防止相邻猪栏疫病的接触传染。

18. 猪不同生长阶段对猪舍有哪些要求？

猪舍的建筑设计要符合养猪生产工艺流程，具有防寒保温、防暑隔热、防潮防湿和通风换气的功能。充分考虑猪生长发育阶段及其热调节的不同生理特征，区别对待，以利于其生产性能的发挥。

（1）公猪舍。一般为单列或双列封闭式，单栏饲养，面积最低12平方米，以利增加公猪的运动量。风速0.2米/秒，温度控制在15～20℃，南墙窗户尽量大，以利冬季采光，北墙要留地窗，以利夏季通风。夏季关闭门窗，采用湿帘纵向通风。有条件的猪场和人工授精站，应安装空调，控制温度。

（2）空怀母猪舍。空怀母猪舍应靠近种公猪舍，设在种公猪舍的下风方向，使母猪的气味不干扰公猪，公猪的气味可以刺激母猪发情。空怀母猪3～5头小群饲养，使其互相刺激促进发情。栏圈布置多为双列式，每个栏圈的面积10平方米左右。舍内温度和风速要求同公猪舍，也可将种公猪舍和空怀母猪舍合为一栋，中间设配种间隔开。

（3）妊娠母猪舍。妊娠母猪分小群和单体栏两种饲养方式，各有利弊。小群饲养可增加怀孕母猪的活动量，降低难产的比例，延长利用年限，但看膘饲喂难度大，相互咬架有造成流产的危险；单体栏可以使怀孕母猪的膘情适度，但活动量小，肢蹄不健壮，难产比例高。小群饲养舍内是中间留走廊的双列式，每栏

二、高效养猪环境控制技术

的面积10平方米左右，3~4头1栏；单体饲养的限位栏采用双列或多列（图2.6）。母猪配种后的前四周容易流产，喂料量也少，最好单体栏饲养。

空怀和怀孕母猪采取何种饲养方式，一直是个难题，数字化母猪饲喂系统的出现，较好地解决了母猪膘情控制、运动、发情鉴定等一系列难题。虽然设备投资较大，但可以节约一半以上的猪舍建筑费用。

图2.6 妊娠母猪舍

（4）分娩哺乳舍。猪舍为双列式，分地面分娩和产床分娩两种形式，这两种形式各有利弊。地面分娩猪舍结构同群养怀孕母猪舍，但每栏只能饲养一头分娩母猪，占栏面积较大，母猪不固定，有压死仔猪的现象，管理难度很大，而且小猪经常与大猪的粪尿接触，染病的可能性很大。产床可以很好地解决地面产仔的问题，但产床投资较大（图2.7）。分娩舍内温度要求在20℃左右，但是刚出生仔猪要求33℃以上，需要养猪管理者解决好母仔不同温的问题。

图2.7　分娩哺乳舍

（5）仔猪保育舍。保育舍要求通风保温效果好，舍内温度26~28℃，风速0.2米/秒，温暖干燥。应采用网床饲养，避免仔猪与粪尿接触，减少染病机会，保育床底最好使用工程塑料和水泥复合材料漏缝地板，保温隔热性能好，又不颤震惊吓仔猪，采用自动落料食槽和自动饮水器，四周为钢架围栏（图2.8）。目前，采用发酵床饲养保育猪，很好地解决了保温问题，饲养效果较好。

图2.8　仔猪保育舍

二、高效养猪环境控制技术

(6) 生长、育肥和后备猪舍。这三类猪舍，均采用半漏缝地板群养，自由采食，每栏 8~10 头，每头占栏面积 1 平方米左右。

19. 如何根据生产需要选择合适的猪栏？

使用猪栏可以减少猪舍占地面积，便于饲养管理和改善猪舍环境。不同生长阶段的猪舍应配备不同的猪栏。

(1) 实体猪栏。一般采用砖砌结构，猪舍内圈与圈间以 0.8~1.2 米高的实体墙相隔，外抹水泥或采用混凝土预制件组成。优点是可以就地取材，投资费用低；相邻圈之间相互隔断，有利于防疫。缺点是猪栏占地面积大，不便于观察猪的活动；夏季通风不好，不利于防暑，不便于饲养管理。适用于专业户及小规模猪场饲养公猪、母猪及生长育肥猪。

(2) 栅栏式猪栏。即猪舍内圈与圈之间以 0.8~1.2 米高的栅栏相隔，栅栏通常由钢管、角钢、钢筋等金属型材焊接而成，一般由外框、隔条组成栏栅，几片栏栅和栏门组成一个猪栏。优点是占地面积小，便于观察猪只；夏季通风好，有利于防暑；便于饲养管理。缺点是钢材耗量大，投资成本较大；相邻圈之间接触密切，不利于防疫。现代化猪场的猪栏多为栅栏式，适用于公猪、母猪及生长育肥猪群。

(3) 综合式猪栏。综合了上述两种猪栏的结构，一般是相邻的猪栏间采用 0.8~1.2 米高的实体墙相隔，沿饲喂通道正面采用栅栏。该种猪栏集中了栅栏式猪栏和实体猪栏的优点，既适宜专业户及小规模猪场也适宜现代化猪场饲养公猪、母猪及生长育肥猪。

(4) 母猪单体限位栏。采用钢管焊接而成，由两侧栏架和前门、后门组成，前门处安装食槽和饮水器，栏长 2.1 米、宽 0.6 米、高 0.96 米。用于饲养空怀及妊娠母猪，与每圈群养母猪相比，优点是便于观察发情，及时配种；避免母猪采食争斗，易掌握喂量，控制膘情。缺点是限制母猪运动，容易出现四肢软弱或肢蹄病。母猪单体限位栏适用于集约化和工厂化养猪。

（5）高床产仔栏。由底网、围栏、母猪限位架、仔猪保温箱、食槽组成。底网采用由直径5毫米的冷拔圆钢编成的网或塑料漏缝地板，2.2米×1.7米（长×宽），下面附于角铁和扁铁，靠腿撑起，离地20厘米左右；围栏即四面地侧壁，为钢筋和钢管焊接而成，2.2米×1.7米×0.6米（长×宽×高），钢筋间缝隙5厘米；母猪限位架为2.2米×0.6米×（0.9~1.0米）（长×宽×高），位于底网中央，架前安装母猪食槽和饮水器，仔猪饮水器安装在前部或后部；仔猪保温箱1米×0.6米×0.6米（长×宽×高）。优点是占地小，便于管理，防止仔猪被压死和减少疾病。缺点是耗费钢材量大，投资成本高。目前，高床产仔栏多用于现代化猪场的母猪产仔和哺育仔猪。

（6）高床育仔栏。主要用于饲养4~10周龄的断乳仔猪，其结构与高床产仔栏的底网及围栏相同，高度为0.7米，离地面20~40厘米，饲养断乳仔猪10头左右。优点是占地面积少，利用率高；缺点是耗费钢材量大，投资成本高。目前，高床育仔栏多用于现代化猪场培育仔猪。

20. 如何根据生产需要选择漏缝地板？

在猪舍内有多种不同类型的地板，包括实体、实体漏缝相结合和全漏缝地板。实体地板一般由混凝土制成，具有相对便宜的优点，但是难以保持清洁和干燥，清除猪粪时需要高强度的劳力投入。实体地板能散热，导致寒冷、潮湿和不卫生的环境，使仔猪体质和生产性能下降。对幼龄猪不适用，尤其分娩舍和保育舍的仔猪。漏缝地板的优点是能将猪和粪尿隔离，一般能创造更加清洁、干燥的环境，减少疾病发生机会，并且对幼龄猪尤其有

二、高效养猪环境控制技术

利。此外,漏缝地板猪粪处理需要的劳力较少,这是对猪粪产生量很高的生长肥育猪的一个重要优点。

漏缝地板有多种不同材料制成,包括混凝土、木材、金属、玻璃纤维和塑料。此外,国内外已经研制了许多包塑金属材料,并且在养猪业上得到了广泛的应用。总体而言,混凝土地板最适合、也最广泛用于生长肥育猪和种猪,因为它们的强度和耐久性显示出了明显的优点(图2.9)。

图2.9 混凝土漏缝地板

当选择一种合适的地板材料给幼龄猪使用时,必须考虑许多因素,包括它们对清洁程度、可清洁性、耐久性、猪的舒适性和生产性能的影响以及自身的成本等因素。编织铁丝网、包塑铁丝网以及塑料等材料非常适合于仔猪,但其强度通常不能抵抗母猪的重量、磨损和撕咬等。最合适的折中办法是在分娩栏内使用两种不同的材料,在母猪活动区域下面用混凝土或金属地板,在仔猪区域使用一种其他材料的地板。分娩舍和保育舍的关键是考虑卫生,以及地板在不同批次之间清洁的容易程度。金属地板比编织铁丝网容易清洗,且花费的时间短,塑料和包塑金属地板的清洗时间介于中间。选择一个地板材料的主要标准是动物舒适程度、易清洁性、耐久性和成本。

21. 如何根据生产需要选择猪用饮水器?

目前,大部分养猪场都采用自动饮水器。猪用自动饮水器的种类很多,有鸭嘴式、杯式、吸吮式和乳头式等。乳头式饮水器具有便于防疫、节约用水等优点。由饮水器体、顶杆(阀杆)和钢球组成。平时,饮水器内的钢球靠自重及水管内的压力密封了水流出的孔道。猪饮水时,用嘴触动饮水器的"乳头",由于阀杆向上运动而钢球被顶起,水由钢球与壳体之间的缝隙流出。用毕,钢球及阀杆靠自重下落,又自动封闭。乳头式饮水器对水质要求高,易堵塞,应在前端加装过滤网。由于乳头式和杯式自动饮水器的结构和性能不如鸭嘴式饮水器,目前,猪场普遍采用的是鸭嘴式自动饮水器。鸭嘴式自动饮水器主要由饮水器体、阀杆、弹簧、胶垫或胶圈等部分组成。平时,在弹簧的作用下,阀杆压紧胶垫,从而严密封闭了水流出口。当猪饮水时,咬动阀杆,使阀杆偏斜,水通过密封垫的缝隙沿鸭嘴的尖端流入猪的口腔。猪不咬动阀杆时,弹簧使阀杆恢复正常位置,密封垫又将出水孔堵死停止供水(图2.10)。

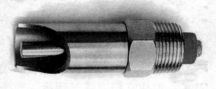

图2.10 鸭嘴式自动饮水器

22. 如何根据生产需要选择合适的清洁与消毒设备?

清洁和消毒,是保持猪场环境卫生,减少病原微生物的有效

二、高效养猪环境控制技术

措施。猪场的清洁消毒设备主要有冲洗设备和消毒设备两大类。选择设备时要根据自身的经济条件和清洁消毒效果综合考虑。

(1) 冲洗设备。

①固定式自动清洗系统：自动冲洗系统是在计算机的控制下，定时对猪场特定的环境进行自动冲洗。冬天时，也可只冲洗一半的猪栏，在空栏时也能快速冲洗，以节省用水。当冲洗水管架设高度在2米时，清洗宽度为3.2米，高度为2.5米，清洗宽度为4米，高度为3米时，清洗宽度可达4.8米。这种设备可大大节约劳动力，减少冲洗时间。

②简易水池冲洗：水池的进水与出水靠浮子控制，出水阀由杠杆机械人工控制，当需要冲水时，打开出水阀即可。这种设施简单、造价低，操作方便，缺点是密封可靠性差，容易漏水。

③自动翻水斗：工作时根据每天需要冲洗的次数调好进水龙头的流量，随着水面的上升，重心不断变化，水面上升到一定高度时，翻水斗自动倾倒，几秒钟内可将全部水倒出冲入粪沟，翻水斗自动复位。这种设备结构简单，工作可靠，冲力大，效果好，但主要缺点是耗用金属多，造价高，噪声大。

④虹吸自动冲水器：常用的有两种形式，盘管式虹吸自动冲水器和U形管虹吸自动冲水器，结构简单，没有运动部件，工作可靠，耐用，故障少，排水迅速，冲力大，粪便冲洗干净。

⑤高压清洗机：高压清洗机采用单相电容电动机驱动卧式三柱塞泵。当与消毒液相连时，可进行消毒。

(2) 消毒设备。

①火焰消毒器：利用煤油高温雾化剧烈燃烧产生的高温火焰对设备或猪舍进行瞬间的高温喷烧，以达到消毒杀菌之功效。

②紫外线消毒灯：以产生的紫外线来消毒杀菌。

23. 如何根据生产需要选择通风降温设备？

为了节约能源，尽量采用自然通风的方式，但在炎热地区和炎热天气，就应该考虑使用降温设备。通风除降温作用外，还可以排出有害气体和多余水汽。通风设备主要有以下几种：

（1）通风机。大直径低速小功率的通风机比较适用于猪场应用。这种风机通风量大，噪声小，耗能少，可靠耐用，适于长期工作（图2.11）。

图2.11 通风机

（2）水蒸发式冷风机。它是利用水蒸发吸热的原理以达到降低空气温度的目的（图2.12）。在干燥气候条件下使用，降温效果特别显著；湿度较高时，降温效果稍微差些；如果环境相对湿度在85%以上时，空气中水蒸气接近饱和，水分很难蒸发，降温效果差些。

（3）喷雾降温系统。冷却水由加压水泵加压，通过过滤器进入喷水管道

图2.12 水蒸发式冷风机

系统而从喷雾器喷出成水雾，使猪舍内空气温度降低。其工作原理与水蒸发式冷风机相同，而设备更简单易行。如果猪场自来水系统水压足够，可以不用水泵加压，但过滤器还是必要的，因为喷雾器很小，容易堵塞而不能正常喷雾。旋转式的喷雾可使喷出的水雾均匀。

（4）滴水降温。在分娩栏，母猪需要用水降温，而小猪要求温度稍高，而且不能喷水使分娩栏内地面潮湿，否则影响小猪生长。因而采用滴水降温法。即冷水对准母猪颈部和背部下滴，水滴在母猪背部体表散开，蒸发，吸热降温，未等水滴流到地面上已全部蒸发掉，不会使地面潮湿。这样既照顾了小猪需要干燥，又使母猪和栏内局部环境温度降低。

自动化很高的猪场，供热保温、通风降温都可以实现自动调节。如果温度过高，则帘幕自动打开，冷气机或通风机工作；如果温度太低，则帘幕自动关闭，保温设备自动动作。

24. 如何根据生产需要选择猪场的供暖设备？

我国大部分地区冬季猪舍温度都达不到猪只的适宜生长温度，需要额外地提供热源，就需要供暖保温设备。现代化猪舍的供暖，分集中供暖和局部供暖两种方法。集中供暖是由一个集中供热设备，如锅炉、燃烧器、电热器等，通过煤、油、煤气、电能等燃烧产热加热水或空气，再通过管道将热介质输送到猪舍内的散热器，放热加温猪舍的空气，保持舍内适宜的温度。局部供暖有地板和电热灯加热等。猪场供热保温设备大多是针对小猪的，主要用于分娩舍和保育舍。在分娩舍为了满足母猪和仔猪的不同温度要求，如初生仔猪要求30~32℃，而对于母猪则要求17~20℃。因此，常采用集中供暖，维持分娩哺乳猪舍温18℃，而在仔猪栏内设置可以调节的局部供暖设施，保持局部温度达到30~32℃。

在我国养猪生产实践中，多采用热水供暖系统。该系统包括热水锅炉、供水管路、散热器、回水管路及水泵等设备。猪舍局部供暖最常用的有电热地板、热水加热地板、电热灯等设备。目前大多数猪场实现高床分娩和育仔。因此，最常用的局部环境供暖设备是采用红外线灯或远红外板，前者发光发热，后者只发热不发光，功率规格为250瓦。这种设备本身的发热量和温度不能调节，但可以调节灯具的吊挂高度来调节小猪群的受热量，如果采用保温箱，则加热效果会更好。这种设备简单，安装方便灵活，只要装上电源插座即可使用。但红外线灯泡使用寿命短，常由于舍内潮湿或清扫猪栏时水滴溅上而损坏，而电热板优于红外线灯。

电热保温板的外壳采用机械强度高、耐酸碱、耐老化、不变形的工程塑料制成，板面附有条棱，以防滑。目前生产上使用的电热板有两类，一类是调温型，另一类是非调温型的。电热保温板可直接放在栏内地面适当位置，也可放在特制的保温箱的底板上。有些猪场采用热水加热地板，即在栏（舍）内水泥地制作之前，先将加热水管预埋于地下，使用时，用水泵加压使热水在加热系统的管道内循环。加热温度的高低，由通入的热水温度来控制。

25. 如何控制猪舍有害气体？

猪舍有害气体主要是由猪呼吸以及粪尿、饲料、垫草等腐败分解而产生，在通风不良、潮湿、粪尿处理不合理的封闭猪舍含量较高，危害猪群及工作人员的健康，严重时造成慢性中毒，甚至急性中毒。所以，生产上要采取措施，将有害气体的浓度降到最低。

（1）保证一定的通风换气量。如果猪舍没有通风扇或者天窗，南墙的窗不能完全关严。要打开一个缝隙或者口子，最好的位置在窗子上部,让污浊的空气跑出去。当风小、温度高时,可开大一些。风大、温度低时,可开小一些。

(2)适当调整饲料的蛋白质水平。一般冬天适当降低饲料蛋白质水平,不但不影响猪的生产性能,还可大幅降低粪尿中的氨含量。

(3)及时清除猪舍内的粪污。粪尿存在猪舍内,会挥发出氨气,最好清理到舍外。

(4)尽可能用酸性消毒剂消毒猪舍。因为酸性环境下氨气不容易挥发。

(5)饲料中可添加一些易发酵的纤维素,也可添加益生素,可以减少氨气的释放。

(6)适当降低猪的密度。

26. 如何减少猪舍空气中的微生物?

猪舍内的微生物少部分由舍外空气带入,大部分则来自饲养管理过程,如猪的采食、活动、排泄、清扫地面、换垫草、分发饲料、清粪,猪只咳嗽、鸣叫等。要减少猪舍空气中的微生物,必须在建场时就合理设计,正确选择场址,合理布局场区,防止传染病侵入。舍内应及时清除粪污和清扫圈舍,合理通风,定期消毒。

(1)选好场址。在选择养猪场时,应注意避开兽医院、屠宰场、皮毛加工厂等污染源。养猪场要有完善的防护设施,畜牧场与外界要有明显隔离,场内分区也要有严格的隔离。

(2)注意防潮。干燥的环境条件下不利于微生物的生长繁殖。

(3)减少舍内灰尘。采取各种措施减少畜舍空气中灰尘的含量,以使舍内病原微生物失去附着而难以生存。

(4)建立和健全各种疫病防疫制度,防止疾病发生。新建的猪舍，应进行全面、彻底、严格的消毒。引入的种猪须隔离和检疫，确保安全后，方能进入本场。对进出猪场的车辆和人员进行严格消毒。工作人员进入生产区应换工作服、鞋，经消毒后方可进入场区。

（5）改进生产工艺。生产中采用全进全出制，切断病原微生物的传播途径。

（6）注意卫生。及时清除粪便，搞好环境卫生。

（7）定期消毒。定期进行畜舍消毒，必要时需带猪进行消毒。

27. 规模化猪场有哪些生产工艺？

现代化养猪生产一般采用分段饲养、全进全出饲养工艺，猪场的饲养规模不同、技术水平也不一样，不同猪群的生理要求也不同，为了使生产和管理方便、系统化，提高生产效率，可以采用不同的饲养阶段，实施全进全出工艺。现在介绍几种常见的工艺流程：

（1）三段饲养工艺流程。空怀及妊娠期→泌乳期→生长肥育期。

三段饲养的工艺需要两次转群，是比较简单的生产工艺流程，它适用于规模较小的养猪企业，其特点是：简单，转群次数少，猪舍类型少，节约维修费用，还可以重点采取措施。例如，分娩哺乳期可以采用好的环境控制措施，满足仔猪生长的条件，提高成活率，提高生产水平。

（2）四段饲养工艺流程。空怀及妊娠期→泌乳期→仔猪保育期→生长肥育期。

在三段饲养工艺中，将仔猪保育阶段独立出来就是四段饲养三次转群的工艺流程，保育期一般 5 周，猪的体重达 20 千克，转入生长肥育舍。断奶仔猪比生长肥育猪对环境条件要求高，这

二、高效养猪环境控制技术

样便于采取措施提高成活率。在生长肥育舍饲养15～16周,体重达90～110千克出栏。

（3）五段饲养工艺流程。空怀配种期→妊娠期→泌乳期→仔猪保育期→生长肥育期。

五段饲养四次转群的工艺流程与四段饲养工艺相比,是把空怀待配母猪和妊娠母猪分开,单独组群,有利于配种,提高繁殖率。空怀母猪配种后观察21天,确定妊娠后转入妊娠舍饲养至产前7天转入分娩哺乳舍。这种工艺的优点是断奶母猪复膘快、发情集中、便于发情鉴定,容易把握适时配种。

（4）六段饲养工艺流程。空怀配种期→妊娠期→泌乳期→保育期→育成期→肥育期。

六段饲养五次转群的工艺流程与五段饲养工艺相比,是将生长肥育期分成育成期和肥育期,各饲养7～8周。仔猪从出生到出栏经过哺乳、保育、育成、肥育四段。此工艺流程优点是可以最大限度地满足其生长发育的营养需要,环境管理的不同需求,充分发挥其生长潜力,提高养猪效率。

以上几种工艺流程可以采用以猪舍局部若干栏位为单位转群,转群后进行清洗消毒,这种方式因其舍内空气和排水共用,难以切断传染源,严格防疫比较困难;所以,有的猪场将猪舍按照转群的数量分隔成单元,以单元全进全出,虽然有利于防疫,但是夏季通风防暑困难,需要经过进一步完善;如果猪场规模在3万～5万头,可以按每个生产节律的猪群设计猪舍,全场以舍为单位全进全出;或者部分以舍为单位实行全进全出,是比较理想的。

（5）全进全出的饲养工艺流程。大型规模化猪场要实行多点式养猪生产工艺及猪场布局,以场为单位实行全进全出,其工艺流程如图2.13所示:

以场为单位实行全进全出,有利于防疫、有利于管理,可以

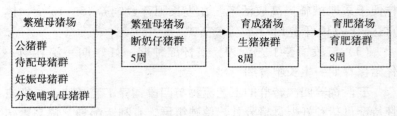

图2.13 全进全出的饲养工艺流程

避免猪场过于集中给环境控制和废弃物处理带来负担。

需要说明的是饲养阶段的划分并不是固定不变的,例如有的猪场将妊娠母猪群分为妊娠前期和妊娠后期,加强对妊娠母猪的饲养管理,提高母猪的分娩率;如果收购商收购商品猪按照瘦肉率高低计算价格,为了提高瘦肉率一般将肥育期分为肥育前期和肥育后期,在肥育前期自由采食、肥育后期限制饲喂。总之,饲养工艺流程中饲养阶段的划分必须根据猪场的性质和规模,以提高生产力水平为前提来确定。

28. 生物发酵床养猪技术有什么优势?

随着《畜禽规模养殖污染防治条例》的施行,规模场畜禽污染治理已成为养殖企业生存的门槛。对于小规模场来说,没有大量的资金购买先进的粪污处理设备,选择投入较小的发酵床技术也可以解决猪场的粪污问题。它比传统的养殖方式具有以下优点:

(1) 减少养猪对环境的污染。采用发酵床养猪法后,由于有机垫料里含有相当活性的特殊有益微生物,能够迅速有效地降解、消化猪的粪尿排泄物。不需要每天清扫猪栏,冲洗猪舍,于是没有任何冲洗圈舍的污水,达到零排放的目的。

(2) 改善猪舍环境。发酵床猪舍为全开放,使猪舍通风透气、阳光普照、温湿度均适合于猪的生长。猪粪尿在微生物作用下迅速分解，猪舍里不会臭气冲天和滋生苍蝇。

（3）提高猪肉品质。猪生活在垫料上，显得十分舒适，活动量也大，生长发育健康，几乎没有猪病发生，也几乎不用抗生素类药物，提高了猪肉品质，生产出真正意义上的有机猪肉。

（4）变废为宝。垫料在使用2~3年后，形成可直接用于果树、农作物的生物有机肥，达到循环利用、变废为宝的效果。

（5）省工节本、提高效益。由于生态环保养猪法不需要用水冲猪舍、不需要每天清除猪粪；采用自动给食、自动饮水技术等众多优势，达到了省工节本的目的。在规模养猪场应用这项技术，经济效益十分明显，可节水90%以上。

29. 生物发酵床猪舍怎样建造？

采用该技术养猪模式，猪舍一般采用单列式，猪舍跨度为9~13米，立面全开放卷帘式，猪舍屋檐高度2.6~4米。栋舍间距要宽畅些，小型挖掘机或小型铲车可开动行驶，一般在4米以上。栏圈面积大小可根据猪场规模大小（即每批断乳猪转栏数量）而定，一般掌握在40平方米左右，饲养密度0.8~1.5头/米^2。在猪舍一端设饲喂台，在猪舍适当位置安置饮水器，要保证猪饮水时所滴漏的水往栏舍外流，以防饮水潮湿垫料。猪栏舍种类可采用地面槽式、地下坑道式、半坑道式三种结构。对于地面槽式结构、半坑道结构一般每个栏舍一面墙体留设1.5~3.0米缺口，供垫料方便进出。缺口用木板或其他材料遮拦。垫料高度为保育猪40~60厘米，中大猪80~100厘米。猪舍地面根据地下水位情况，可水泥固化，也可不用固化（图2.14）。

30. 生物发酵床怎样制作？

（1）垫料厚度。一是育肥猪舍垫料层高度冬天为80~100厘米，夏天为60厘米；二是保育猪舍垫料层高度冬天为40~60厘

图2.14 生物发酵床猪舍

米,夏天为40厘米。

(2)材料用量。可以根据季节、猪舍面积、垫料厚度计算出所需要的谷壳、锯末、鲜猪粪、米糠以及饲料添加剂的使用数量,具体计算方法见表2.1。

表2.1 制作垫料各种原料的比例

原料 季节	谷壳	锯末	鲜猪粪	米糠	饲料添加剂
冬季	40%	60%	5千克/米^2	3.0千克/米^3	200~300克/米^3
夏季	60%	40%		3.0千克/米^3	200~300克/米^3

说明:夏季可不使用生猪粪制作垫料,但需适当增加优质米糠用量。

(3)酵母糠的制作。将所需的米糠与适量的饲料添加剂逐级混合搅拌均匀备用。

(4)原料混合。将谷壳、锯末各取10%备用,将其余按图2.15所示,把谷壳和锯末倒入垫料场内,在上面倒入生猪粪及米糠和饲料添加剂混合物,用铲车等机械或人工充分混合搅拌均匀。

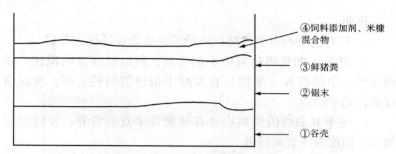

图2.15 各种垫料原料的添加次序

(5) 垫料堆积发酵。各原料在搅拌过程中需调节水分,使垫料水分保持在45%,混合均匀堆积成梯形后,用麻袋或编织袋覆盖周围保温。

(6) 垫料的铺设。垫料经发酵,温度达70℃左右时,保持3天以上(夏季的时候为了避免垫料的辐射热,故垫料中温度需待平稳后方可放猪,具体如图2.16所示),当垫料摊开,气味清爽,没有粪臭味时即可摊开到每一个栏舍。高度根据不同季节、不同猪群而定。垫料在栏舍摊开铺平后,用预留的10%未经发酵的谷壳、锯末覆盖,厚度约10厘米。间隔24小时后才可进猪饲养。

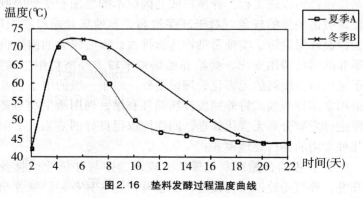

图2.16 垫料发酵过程温度曲线

说明:

a. 只有在垫料完全发酵成熟后放猪才能保证健康养猪。

b. 夏季 A 曲线因垫料中不加猪粪,所以温度衰减很快,原因是垫料中的营养(米糠)在发酵中很快被消耗完毕,所以曲线很快趋于稳定。

c. 冬季 B 曲线因垫料中含有猪粪等丰富的营养,发酵时间加长,温度曲线衰减得慢。

d. 垫料发酵成熟与否,关键看温度曲线是否趋于稳定。

e. 夏季放猪前,如果是新垫料,温度曲线趋于稳定的时间一般为 10 天左右;如果是旧垫料,温度曲线趋于稳定的时间一般为 15 天左右。

f. 垫料发酵状况会随着气温的变化和垫料状况的不同有所变化。

31. 猪场粪污处理有哪些模式?

2014 年 1 月 1 日起,《畜禽规模养殖污染防治条例》正式实施,《条例》规定畜禽养殖废弃物未经处理,不得直接向环境排放。《条例》的出台将对传统养殖造成冲击,中小型养殖户必须上马建设排污设施工程,养殖户或会因成本的增加而受到限制甚至出现被迫关停的现象。对于环保治污,养殖场普遍存在误区,认为建设环保设施、实现污染物达标排放,需要较大的前期投入和不菲的运行费用支出,会给养殖场带来较重经济负担。其实,除了采用造价较高的无害化处理设备外,对于一般的中小企业可以采用立体种养模式将养殖废弃物循环利用,利用微生物对畜禽粪便进行发酵分解无害化处理,同样能取得良好的效果。下面介绍几种常用的粪污处理模式:

(1)农牧结合循环利用模式。规模养殖与种植业或林业配套开发,养殖场建设治污设施,配套种植业或林业,消纳养殖场产生的干粪、沼液,实行就地综合利用,达到零排放。这种把粪污资源化利用的做法,不但可以减少处理粪污费用,还可以变废为宝,实现畜牧业与种植业或林业的可持续发展。

(2) 沼气—有机肥模式(图2.17)。实行沼气发电—污水处理—生物肥综合利用治理。建设大型的沼气池,猪场粪污经厌氧发酵处理产生的沼气,驱动沼气发电机组发电,发电机组的余热又促进沼气生产。沼液经过处理设施,灌溉农田。沼渣用于生产有机肥料。但沼液处理的难度大、成本高,制造生物肥的成本也很高。

图2.17 沼气处理系统

(3) 生物发酵床—有机肥模式。利用锯木屑、谷壳等作为垫料,加入生物发酵菌种,通过微生物发酵吸收猪粪尿,生产过程中不用水冲洗,基本实现污染物减量、无害化排放。垫料使用一个周期(2~3年)后一次性清除用作有机肥。这种发酵床,在湿度较大的春夏季节,不容易维护,适合仔猪保育舍。

(4) 工业化集中处理模式。大型养殖场建设工业治污设施,实施二级或三级厌氧、好氧生化处理,污水经处理后达标排放。这种模式前期投入大,后期运行成本高,要求养殖场具备较强的经济实力。

三、高效养猪品种繁育技术

32. 为什么说猪种是提高养猪效益的基础？

良种是畜牧业发展的重要物质基础，畜禽良种化是现代畜牧业的重要标志。实践证明畜牧业的每一次飞跃，都必须以良种为先导，其地位和作用是其他因素所不能替代的。据研究，在种、料、管、病等各种因素中，良种对生猪生产性能的影响占到40%。对养猪者来说，适合的品种意味着好的商品回报，即好的利润。而利润主要和猪的增重、抗病能力、生长速度、肉质风味、饲料回报率等有着重要的关系。由于猪品种间、品种内各品系间主要经济性状差异很大，选择养什么品种猪就是养猪中的关键。养同样多的公、母猪，用同样的饲料和饲养方法，出栏同样多的商品肉猪，其经济效益因品种和品系不同而差异悬殊。有的猪场盈利，有的就亏损。因此，养猪要获得高效率和高效益就要有一个主要经济性状一致化的标准品种猪，能够适应规模化饲养模式，做到全进全出，连续均衡有节奏的生产，这才能保证获得最高的日增重、饲料转化率、出栏率和设备的最高利用率。如果没有一个标准化的品种猪，必然会造成生产流程的混乱，后果是不堪设想的。目前，世界各国规模较大的养猪企业选用的品种猪，仅占现有品种猪3%左右。主要猪种有大白猪、长白猪、杜洛克猪、汉普夏猪、皮特兰猪等。大白猪和长白猪繁殖力最高，杜洛克猪肥育力最优,汉普夏猪产肉量最好。因此,为了肉猪产品能占据市场和获得最好经济效益应该多采用大白猪、长白猪为母系,杜洛克猪和汉普夏猪为父系进行三元或四元双杂交生产优质瘦肉型猪。

33. 我国有哪些优良地方猪品种?

我国幅员辽阔,由于各地自然环境、社会经济和猪种起源等状况的差异,所以形成的猪种繁多、类型复杂。根据猪的起源、生产性能、外形特点,结合各地自然生态、饲料条件等,可将地方猪种分为6个类型(华北型、华南型、华中型、江海型、西南型、高原型)。它们的共同优点是繁殖率高,适应性强,耐粗饲,肉质好。缺点是体格小,生长慢,出栏率和屠宰率偏低,胴体脂肪多,瘦肉少。下面介绍几个著名品种。

(1) 金华猪。金华猪又称"金华两头乌",是我国著名优良猪种之一。金华猪具有成熟早,肉质好,皮薄骨细,繁殖率高等优良性能,其腌制成的"金华火腿"质佳味香,外形美观,蜚声中外。主要产于浙江东阳、义乌、金华等地。体型中等,耳下垂,颈短粗,背微凹,臀倾斜,蹄质坚实。全身被毛中间白,头颈、臀尾黑。以早熟易肥、皮薄骨细、肉质优良、适于腌制火腿著称。

金华猪肉品质好,肌肉颜色鲜红,吸水力强,细嫩多汁,富含肌肉脂肪。皮薄骨细,头小肢细,胴体中皮骨比例低,可食部分多。繁殖力高,平均每胎产仔可达14头以上,繁殖年限长,优良母猪高产性能可持续8~9年,终生产仔20胎左右,而且乳头数多,泌乳力强,母性好,仔猪哺育率高。性成熟早,小母猪在70~80日龄开始发情,105日龄左右达性成熟。公、母猪一般5月龄左右即可配种生产。适应性好,耐寒耐热能力强,耐粗饲,能适应我国大部分地区的气候环境,多次出口到日本、法国、加拿大、泰国等国家。

(2) 陆川猪。陆川猪是我国八大地方优良品种之一。现主要分布于广西陆川县大桥镇、横山镇、乌石镇、月洞镇、滩面乡、良田镇、清湖镇、古城镇等地。陆川猪是陆川的县宝。体型特点为矮、短、宽、肥、圆。背腰宽微凹，腹大，毛色呈一致性黑白花。母猪具有成熟早、产仔多、母性好的特点。其肉嫩、皮薄、脆而不腻。可加工脆皮乳猪、香肠、无皮五花腊肉等。炸猪排、白切猪脚、脆皮扣等在宴会上是不可缺少的菜肴。母猪母性好，繁殖力高，适应性强，耐粗饲，遗传力稳定，杂交优势明显。每胎产仔数11头左右，仔猪初生重0.6千克，2月龄断奶重9.6千克。屠宰适期为8月龄，体重70千克左右，屠宰率为69%。成年公猪体重87千克，母猪79千克左右。

(3) 宁乡猪。宁乡猪又称宁乡土花猪，产于湖南长沙宁乡县流沙河、草冲一带，所以又称草冲猪、流沙河猪，是中国四大名猪种之一，已有1 000余年的历史。宁乡猪体型中等，头中等大小，额部有形状和深浅不一的横行皱纹，耳较小、下垂，颈粗短，有垂肉，背腰宽，背线多凹陷，肋骨拱曲，腹大下垂，四肢粗短，大腿欠丰满，多卧系，撒蹄，群众称"猴子脚板"，被毛为黑白花。具有早熟易肥，边长边肥，蓄脂力强，肉质细嫩，味道鲜美，性情温顺，适应性强，体躯深宽短促，体质疏松等特点。肥育期日增重为368克，饲料利用率较高，体重75~80千克时屠宰为宜，屠宰率为70%，膘厚4.6厘米，眼肌面积18.42平方厘米，瘦肉率为34.7%，三胎以上产仔10头左右。

(4) 东北民猪。东北民猪是东北地区的一个古老的地方猪种，有大（大民猪）、中（二民猪）、小（荷包猪）三种类型，在世界地方猪品种排行第四。全身被毛黑色，体质强健，头中等大，面直长，耳大下垂，背腰较平、单脊，乳头7对以上。四肢粗壮，后躯斜窄，猪鬃良好，冬季密生棕红色绒毛。3~4月龄即有发情表现，8月龄公猪体重79.5千克，体长105厘米，母猪体重90.3千克，体长112厘米。成年母猪受胎率一般为98%，妊娠期为114~115天，窝产仔数14.7头，活产仔13.19头。

用杜洛克公猪作父本与东北民猪杂交，其一代杂种猪205日龄体重达90千克，料肉比为3.81:1，瘦肉率为56.19%；用汉普夏公猪作父本与东北民猪杂交其杂种猪，179日龄体重可达90千克，料肉比为3.78:1，瘦肉率为56.65%。

（5）太湖猪。太湖猪是世界上产仔数最多的猪种，享有"国宝"之美誉，苏州地区是太湖猪的重点产区。太湖猪是我国乃至全世界猪种中繁殖力最强的猪种。其体型中等，被毛稀疏，黑或青灰色，四肢、鼻均为白色，腹部紫红，头大额宽，额部和后躯皱褶深密，耳大下垂，形如烤烟叶。初产母猪平均12头，经产母猪平均16头以上，三胎以上，每胎可产20头，优秀母猪窝产仔数达26头，最高产过42头。太湖猪性成熟早，公猪4~5月龄精子的品质即达成年猪水平。母猪2月龄即出现发情。太湖猪护仔性强，泌乳力高，起卧谨慎，能减少仔猪被压，仔猪哺育率及育成率较高。太湖猪早熟易肥，胴体瘦肉率38.8%~45%，肌肉pH值为6.55，肌蛋白含量23%左右，氨基酸含量中天门冬氨酸、谷氨酸、丝氨酸、蛋氨酸及苏氨酸比其他品种高。

太湖猪遗传性能较稳定，与瘦肉型猪种结合杂交优势强。最宜作杂交母体。目前太湖猪常用作长太母本（长白公猪与太湖母猪杂交的第一代母猪）开展三元杂交。实践证明，在杂交过程中，杜长太或约长太等三元杂交组合类型保持了亲本产仔数多、瘦肉率高、生长速度快等特点。由于太湖猪具有高繁殖力，世界许多国家都引入太湖猪与本国猪种进行杂交，以提高本国猪种的繁殖力。

（6）荣昌猪。荣昌猪是世界八大优良种猪之一，因原产于重庆市荣昌县而得名，是我国养猪业推广面积最大、最具影响力的地方猪种之一。荣昌猪体型较大，结构匀称，毛稀，鬃毛洁白、粗长、刚韧。体躯较长，背腰微凹，腹大而深，臀部稍倾斜，四肢细致、坚实，乳头6~7对。绝大部分全身被毛除两眼四周或头部有大小不等的黑斑外，其余均为白色，少数在尾根及体躯出现黑斑。具有耐粗饲、适应性强、肉质好、瘦肉率较高、配合力好、鬃质优良、遗传性能稳定等特点。公、母猪初配年龄均在6月龄以后，使用年限公猪2~5年、母猪5~7年，第一胎初产仔数7~10头，三胎及三胎以上窝产仔数11头左右。日增重313克，以7~8月龄体重80千克屠宰为宜，屠宰率69%，瘦肉率42%~46%。

34. 我国地方优良猪品种有什么特性？

我国地方猪种有很多优良种质特性，其中最主要的有以下几方面。

（1）繁殖力高。我国地方猪种性成熟早，一般母猪初情期平均日龄94.46天，平均体重22.73千克，性成熟日龄平均为112.52天，其中姜曲海猪仅为76.76天；而外国猪种，如长白和杜洛克母猪的初情期分别为173日龄和224日龄。我国地方猪种在排卵数量和产仔数目上，也比外国猪种高。如嘉兴黑猪、二花脸猪、姜曲海猪、内江猪、成华猪、大花白猪、东北民猪、金华猪、大围子猪等品种，初产平均产仔12头，经产母猪16头以上，奶头8~9对。而外国繁殖力较高的品种长白猪、大约克夏猪，产仔为10~11头，母猪奶头多为6~7对。

我国地方猪种公猪精液中首次出现精子的年龄也远比外国猪种早。如大花白猪为62日龄，大围子猪为75日龄，而大约克夏猪为120日龄。我国猪种配种年龄大部分为120日龄，而外国猪种在210日龄以上。

此外，我国地方猪种与外国猪种比较，还具备发情明显，受

三、高效养猪品种繁育技术

胎率高，产后疾患少，泌乳量多，母性好（不压仔），仔猪育成率高等优良特性。

（2）肉质好。国外一些高度培育的瘦肉型品种和品系，虽然具有生长快、饲料转化率高和瘦肉产量多的优点，但其肉质不佳，灰白色肉出现比率较高。而我国地方猪种肉色鲜红，肌肉系水力良好，大理石纹分布均匀、含量适中，且肉质细嫩、多汁，肉味香浓，适口性良好。

（3）抗逆性强。我国地方猪种在长期的自然选择和人工选择的品种演变过程中，形成了对外界不良环境条件的良好适应能力。如东北民猪、姜曲海猪、内江猪、二花脸猪、大花白猪、金华猪、大围子猪等在极端不良的气候环境和饲养条件下，具有较强的抗逆性，主要表现为抗寒、耐热性能好，耐粗饲、耐饥饿（低营养的耐受力强），能适应高海拔生态环境。

35. 我国有哪些培育的优良猪品种（系）？

我国的育种工作者，在利用地方猪种的过程中，为改良其生产效率不高的性状，通过杂交的方法或者利用多年复杂杂交的种群，在确定选育目标的基础上，经过较长时间的系统选育，培育新品种。这些猪种主要有汉中白猪、上海白猪、新淮猪、三江白猪、北京黑猪、湖北白猪等品种。目前苏太猪、北京黑猪利用得很好，是培育猪种中推广比较多的品种。

（1）汉中白猪。产于陕西省汉中地区，主要分布于汉中县、勉县、南郑、城固、洋县、西乡、宁强、镇巴、留坝等市县。汉中白猪是用苏白猪、巴克夏和汉江黑猪杂交选育而成的。汉中白猪除个别眼圈皮肤有小块黑斑外，其余全身被毛白色，头中等大，面微凹，耳中等大小，向上向外伸展，背腰平直，腿臀较丰满，四肢结实，乳头6对以上。

汉中白猪成年公猪体重213千克，母猪166千克。汉中白猪在每千克配合饲料含消化能12.98兆焦,粗蛋白质14%的营养水平下,体重20~90千克阶段,日增重520克,每千克增重耗配合饲料3.6千克,90千克体重屠宰率72%左右,胴体瘦肉率47%。初产母猪平均产仔数9.8头,经产母猪平均产仔数11.4头。

利用荣昌猪与汉中白猪进行正反交,其杂种后代日增重650克左右,每千克增重耗配合饲料3.12千克。用杜洛克公猪与汉中白猪母猪杂交,其后代日增重642克,胴体瘦肉率达55%左右。

(2)上海白猪。上海白猪产于上海市近郊,是在当地条件下培育成的肉脂兼用型品种。主要是在本地猪(太湖猪)和约克夏、苏白猪等猪种进行杂交的基础上,通过多年选育而成。主要特点是生长发育快,产仔数多,适应性强和胴体瘦肉率高。全身被毛白色,体质坚实,体型中等偏大,头面平直或微凹,耳中等大略向前倾,背宽,腹稍大,腿臀较丰满,有效乳头7对。成年公猪体重250千克左右,成年母猪180千克左右。

在良好的饲养条件下,170日龄体重可达90千克,体重20~90千克阶段的日增重615克左右,料肉比3.62:1。体重90千克屠宰,屠宰率70.55%。眼肌面积26平方厘米,腿臀比例27%,胴体瘦肉率52.5%。

公猪一般在8~9月龄,体重100千克以上开始配种。母猪初情期为6~7月龄,发情周期19~23天,发情持续期2~3天,多在8~9月龄配种。初产母猪产仔数9头左右,经产母猪(3胎及3胎以上)产仔数11~13头。

用杜洛克猪或大约克夏猪作父本与上海白猪杂交,一代杂种猪在良好的饲养条件下自由采食干粉料,体重20~90千克阶段,日增重700~750克,料肉比(3.1~3.5):1。杂种猪体重90千克屠宰,胴体瘦肉率60%以上。

三、高效养猪品种繁育技术

（3）新淮猪。新淮猪是用江苏省淮阴地区的淮猪与大约克夏猪杂交育成的新猪种，为肉脂兼用型品种，主要分布在江苏省淮阴和淮河下游地区。具有适应性强、生长较快、产仔多、耐粗饲、杂交效果好等特点。全身被毛黑色，仅在体躯末端有少量白斑。头稍长，嘴平直微凹，耳中等大，向前下方倾垂。背腰平直，腹稍大但不下垂，臀略倾斜，四肢健壮，乳头7对以上。成年公猪体重230~250千克，成年母猪体重180~190千克。

在中等营养水平下，用内江猪作父本与新淮猪作母本进行杂交，其杂种猪6月龄体重可达90千克，2~6月龄日增重560克，用杜二（杜洛克公猪配二花脸母猪）杂种猪做父本，配新淮母猪，其三品种杂交猪日增重590~700克。体重90千克屠宰率72%以上，腿臀比例27%，胴体瘦肉率50%以上。

（4）三江白猪。三江白猪是1973年开始，用长白猪和民猪两个品种采用正反交、回交、横交的育种方式，到1982年，各项指标都达到了预期目标而命名的。三江白猪属瘦肉型品种，具有生长快、产仔较多、瘦肉率高、肉质良好和耐寒冷气候等特性。主要分布在黑龙江省东部三江平原地区，是生产商品猪及开展杂交利用的优良亲本。其头轻嘴直，两耳下垂或稍前倾，全身背毛白色，背腰平直，中躯较长，腹围较小，后躯丰满，四肢健壮。蹄质坚实，乳头7对，排列整齐。

三江白猪的后备公猪6月龄体重80~85千克，后备母猪6月龄体重75~80千克。肥育猪20~90千克阶段平均日增重600克，体重达90千克日龄为185天，胴体瘦肉率57%~58%，初产母猪产仔9~10头，经产母猪产仔11~13头。三江白猪与杜洛克、汉普夏、长白猪杂交都有较好的配合力，与杜洛克猪杂交效果显著，肥育期平均日增重650克，瘦肉率62%。

（5）北京黑猪。北京黑猪是在北京本地黑猪引入巴克夏、中约克夏、苏联大白猪、高加索猪进行杂交后选育而成。主要分布在北京市朝阳、海淀、昌平、顺义、通州等区县,并推广到河北、河南、山西等省。北京黑猪全身被毛黑色,体质结实,结构匀称。头大小适中,两耳向前上方直立或平伸,面部微凹,额较宽,颈肩结合良好,背腰较直且宽,腿臀较丰满,四肢健壮,乳头多为7对。

北京黑猪成年体重,公猪262千克,母猪236千克。初产母猪平均窝产仔数10头,经产母猪平均窝产仔数11.52头。据测定,20~90千克体重阶段,平均日增重为609克,每千克增重耗混合料3.70千克。屠宰率为72.4%,胴体瘦肉率51.5%。

长白猪与北京黑猪一代杂种猪体重20~90千克阶段,日增重650~700克,每千克增重耗配合饲料3.2~3.6千克,胴体瘦肉率55%左右。杜洛克×(长白猪×北京黑猪)和大约克夏×(长白猪×北京黑猪)三元杂交后代,日增重600~700克,每千克增重耗配合饲料3.2~3.5千克。体重90千克时屠宰胴体瘦肉率58%以上。

36. 我国从国外引进的优良猪种有哪些?

近年来,我国从国外引入具有高生长速度、高瘦肉含量和高饲料利用效率的优良猪种,对加速我国猪种的改良和提高养猪生产效率起到了重要作用。现就引入的主要猪种的特征、生产性能简介如下。

(1)长白猪。长白猪原名兰德瑞斯猪,原产于丹麦,是世界著名的瘦肉型猪种。目前是我国引入数量最多的国外猪种。长白猪具有产仔数较多,生长发育快,省饲料,胴体瘦肉率高的特点,但抗逆性差,对饲料营养要求高。其全身被毛呈白色,头小清秀,颜面平直。耳向前倾平伸略下垂。大腿和整个后躯肌肉丰满,蹄质坚实,体躯前窄厉害呈流线形。体躯长,有16对肋骨,全身被毛白色,乳头6~7对。

长白猪生长速度快,屠宰率高,屠体较长,胴体瘦肉率高。据测定,该猪体重30.7~72.28千克阶段,日增重731克,屠宰率71.66%。长白猪在丹麦,日增重793克,料重比2.68:1,胴体瘦肉率65.3%。我国各地用长白猪做父本与本地母猪开展二元或三元杂交,均有较好的杂交效果,杂种猪日增重比本地猪提高10%~26%,瘦肉率增加5%~8%。长白猪性成熟较晚,6月龄开始出现性行为,9~10月龄体重达120千克左右开始配种。初产母猪产仔数10~11头,经产母猪产仔数11~12头。

(2)大约克夏猪。大约克夏猪又叫大白猪,于18世纪在英国育成,是世界著名的瘦肉型猪种。引入我国后,经过多年培育驯化,已有了较好的适应性。在杂交配套生产体系中主要用作母系,也可用作父系。大约克夏猪具有生长快,饲料利用率高,产仔较多,胴体瘦肉率高等特点。其体格大,体型匀称,耳直立,鼻直,背腰微弓,四肢较长,头颈较长,脸微凹,体躯长,全身被毛白色,故称大白猪。成年公猪体重250~300千克,成年母猪体重230~250千克。

大白猪增重速度快,节省饲料,出生6月龄体重可达100千克左右。在营养良好,自由采食的条件下,日增重可达700克左右。每千克增重消耗配合饲料3千克左右。体重90千克时屠宰率71%~73%,瘦肉率60%~65%。经产母猪产仔数11头,乳头7对以上,8.5~10月龄开始配种。

(3)杜洛克。杜洛克猪原产于美国东部的新泽西州和纽约州等地。我国先后由美国、加拿大、匈牙利、日本和中国台湾等国家和地区引入该猪,现已遍及全国。杜洛克最大特点是身体健壮、强悍,耐粗性能强,是一个极富生命力的品种。其生长快,饲料利用率高。该品种的缺点是繁殖力不太高,母性差,胴体产肉量稍低,肌肉间脂肪含量偏高。全身被毛呈棕红色,体躯高大,粗壮结实,全身肌肉丰满平滑,后躯肌肉特别发达,头较小，颜面微凹，鼻长直，耳中等大小，向前倾，耳尖稍弯曲，胸宽而深，背腰略呈拱形，腹线平直，四肢强健，蹄黑色。

杜洛克是生长发育最快的猪种，肥育期平均日增重 750 克以上，料肉比（2.5~3.0）:1。胴体瘦肉率在 60% 以上，屠宰率为 75%，成年公猪体重为 340~450 千克，母猪 300~390 千克。初产母猪产仔 9 头左右，经产母猪产仔 10 头左右。母性较强，育成率高。

由于杜洛克猪具有增重快，饲料报酬高，料肉比为（2.5~3.0）:1，胴体品质好，眼肌面积大，瘦肉率高等优点，而在繁殖性能方面较差。故在与其他猪种杂交时，经常作为父本，以达到增产瘦肉和提高产仔数的目的。

（4）汉普夏。原产英国南部，由美国选育而成。汉普夏猪具有独特的毛色特征，肩部到前肢有一条白带环绕，其他部位为黑色，有银带猪之称。头大小适中，颜面直，耳向上直立，中躯较宽，背腰粗短，体躯紧凑，呈拱形，背最长肌和后躯肌肉发达。

汉普夏猪从 25.6 千克到 97.6 千克日增重 697 克，饲料利用率为 2.95:1。体重 91.7 千克屠宰，平均膘厚 1.76 厘米，眼肌面积 28.7 平方厘米，胴体瘦肉率 60.7%，品质较好。母猪平均产仔数 9 头，但仔猪硕壮而均匀，母性良好。杂交配套生产体系中可用作终端父本，也可用作母本。

（5）皮特兰。皮特兰猪原产于比利时的布拉帮特省，是由法国的贝叶杂交猪与英国的巴克夏猪进行回交，然后再与英国的大白猪杂交育成的。主要特点是瘦肉率高，后躯和双肩肌肉丰满。毛色呈灰白色并带有不规则的深黑色斑点，偶尔出现少量棕色毛。头部清秀，颜面平直，嘴大且直，双耳略微向前，体躯呈圆柱形，腹部平行于背部，肩部肌肉丰满，背直而宽大，体长 1.5~1.6 米。

三、高效养猪品种繁育技术

在较好的饲养条件下，皮特兰猪生长迅速，6月龄体重可达90~100千克。日增重750克左右，每千克增重消耗配合饲料2.5~2.6千克，屠宰率76%，瘦肉率可高达70%。公猪一旦达到性成熟就有较强的性欲，采精调教一般一次就会成功，射精量250~300毫升，精子数每毫升达3亿个。母猪母性不亚于我国地方品种，仔猪育成率在92%~98%。母猪的初情期一般在190日龄，发情周期18~21天，每胎产仔数10头左右，产活仔数9头左右。

由于皮特兰猪产肉性能高，多用作父本进行二元或三元杂交。用皮特兰公猪配上海白猪（农系），其二元杂种猪育肥期的日增重可达650克，体重90千克屠宰，其胴体瘦肉率达65%。皮特兰公猪配梅山母猪，其二元杂种猪育肥期日增重685克，饲料利用率为2.88:1，体重90千克屠宰，胴体瘦肉率可达54%左右。用皮特兰公猪配长×上杂交母猪（长白猪×上海白猪），其三元杂种猪育肥期日增重730克左右，饲料利用率为2.99:1，胴体瘦肉率65%左右。

37. 猪的主要经济性状有哪些？

猪的经济性状可分为繁殖、生长、胴体等性状，要提高猪的生产水平可以从遗传育种、营养饲料、疾病防治、畜舍环境和经营管理等几个方面考虑。其中遗传育种是从遗传上改良猪的性能；疾病既有遗传因素（如易感性）也有环境因素（如病原体）；营养饲料与畜舍、设备等虽然是环境因素，但也存在着遗传与环境之间的相互作用。因此，生产经营者要了解猪的经济性状，在繁殖育种工作中加以考虑。

（1）繁殖性状。主要有产仔数、泌乳力、仔猪初生重和初生窝重、仔猪断奶重和断奶窝重、断奶仔猪数等。

①产仔数：产仔数有两个指标，即窝产仔数和窝产活仔数。

窝产仔数是包括木乃伊和死胎等在内的出生时仔猪总头数，而窝产活仔数是指出生时活的仔猪数。产仔数的遗传力较低，一般为 0.05~0.1。所以应以家系选择为主。产仔数为一复合性状，受母猪的排卵数、受精率和胚胎成活率诸多因素影响。

在一个发情周期内，母猪排出的卵子均多于产仔数，可达 14~20 枚之多。我们将猪在一个发情周期内的排卵数称为猪的潜在繁殖力。猪的胚胎成活率一般较低，这是导致实际繁殖力与潜在繁殖力之间有明显差距的主要原因。胚胎的死亡大部分发生在受精后 25~30 天。死亡的主要原因，在着床以前主要取决于合子的生活力，而在此以后则取决于子宫内环境条件。

②初生重和初生窝重：初生重是指仔猪在出生后 12 小时内所称得的个体重。初生窝重是指仔猪在出生后 12 小时内所称得的全窝重。

③泌乳力：母猪泌乳力的高低直接影响哺乳仔猪的生长发育情况。属重要的繁殖性状之一，母猪泌乳力一般用 20 日龄的仔猪窝重来间接表示。

④断奶个体重和断奶窝重：断奶个体重指断奶时仔猪的个体重量，断奶窝重指断奶时全窝仔猪的总重量，一般都在早晨空腹时称重，断奶个体重的遗传力低于断奶窝重。在实践中一般把断奶窝重作为主要的选择性状，它与产仔数、初生重、哺育率、哺乳期增重和断奶个体重等主要繁殖性状均呈正相关，是母猪繁殖力的综合体现。

⑤断奶仔猪数：断奶仔猪数指仔猪断奶时成活的仔猪数。

（2）生长性状。也称肥育性状，在生长性状中以生长速度和饲料转化率为最重要。

①生长速度：通常以平均日增重来表示，平均日增重是指在一定的生长肥育期内，猪平均每日活重的增长量，一般用克表示。

三、高效养猪品种繁育技术

②饲料转化率或饲料效率：一般是按生长肥育期每单位活重增长所消耗的饲料量来表示，即消耗饲料（千克）与增长活重（千克）之比值。饲料转化率与生长速度有密切的遗传相关（$r = -0.7$），育种工作中对它实行间接选择，即对生长速度实行直接选择，以取得饲料转化率的相关反应。

③采食量：猪的采食量是度量食欲的性状。在不限食条件下，猪的平均日采食饲料量称为饲料采食能力（FIC）或随意采食量（VFI），是近年来育种方案中日益受到重视的性状。采食量与日增重呈强相关（$r = 0.7$），与背膘厚呈中等相关（$r = 0.3$），与胴体瘦肉量呈负相关（$r = -0.27$）。

（3）胴体性状。猪的胴体性状主要有背膘厚度、胴体长度、眼肌面积、腿臀比例、胴体瘦肉率等。胴体性状的遗传力估值为 $0.40 \sim 0.60$，个体表型选择有效。超声波和电子仪器测量背膘仪、眼肌扫描仪、X 射线照相等现代高新技术设备的应用，为实现活体度量提供了可能性。

①背膘厚度：一般是指背部皮下脂肪厚度。在国外是测量皮膘厚，其主要原因是国外猪种皮肤普遍较薄。测量的部位有两种，一是测定左侧胴体第六和第七胸椎结合处，垂直于背部的皮下脂肪厚度和皮肤的厚度。另一种测量方法是测平均膘厚，即以肩部最厚处、胸腰椎结合处和腰荐结合处三点平均膘厚。

②胴体长度：测量有两种方法，一是由耻骨联合前缘至第一肋骨与胸骨结合处的斜长，称胴体斜长；二是从耻骨联合前缘至第一颈椎前缘的直长，称胴体直长。胴体长与瘦肉率呈正相关，胴体长的遗传力高达 0.62，表型选择有效。

③眼肌面积：眼肌面积指背最长肌的横断面积，国内一般在最后肋骨处而国外多在第 10 肋骨处测定。胴体测定时可用游标卡尺测量眼肌的宽度和厚度，然后用公式求眼肌面积＝宽度（厘米）×厚度（厘米）×0.7。这仅仅是近似值，眼肌面积的遗传

力较高，约0.48。国内外多利用眼肌面积作为主选性状。

④腿臀比例：指腿臀部重量占胴体重量的百分率，一般用左半胴体计算。

⑤胴体瘦肉率：指瘦肉（肌肉组织）占所有胴体组成成分总重的百分率。这是反映胴体产肉量高低的关键性状。测定方法是左侧胴体去除板油和肾脏后，剖析为骨、皮、肉、脂四种组分，然后求算肌肉重量占四种成分总重量的百分率。

38. 如何进行种猪的选配？

猪的选配过程是一个科学的选择配种组合的过程。因为尽管种猪本身很优秀，如果任意和其他种猪杂交，所产的仔猪不一定是最优秀的。这是由于杂交后代的基因型变化所致。因此，种猪场在选择优秀种猪的基础上必须进行种猪的科学选配。只有这样，才能进一步增强选种的实际效果，提高猪群的整体质量。

（1）表型选配。是根据表型性状、不考虑其是否有血缘关系而进行的选配方法。表型选配常有两种，一种是同质选配，另一种是异质选配。

①同质选配：用性能或外形相似的优秀公、母猪配种，要求在下一代中获得与公、母猪相似的后代。同质选配能够加速群体的同质化，使其优点得到巩固。同质选配一般是为了巩固优良性状时才应用，为使理想的类型及性状出现理想个体时，多采用同质选配法固定下来。

②异质选配：异质选配可分为两种情况，一种是选择性状不同的优秀公、母猪配种，以获得兼得双亲不同优点的后代。另一种是选择同一性状或同一品质而表现优劣程度不同的公、母猪配种，希望把后代性能提高一步。利用异质选配，可以结合优良性状，创造新的类型。同质选配与异质选配在工作中是互为条件的。

（2）亲缘选配。是根据交配双方的亲缘关系远近程度进行选配的方法。亲缘选配可相对地划分近交和远缘交配。当猪群中出现个别或少数特别优秀的个体时，可采用近交。在采用近交时，为防止出现遗传缺陷，必须事先对亲本进行严格选择，还可采取控制亲缘程度克服近交衰退。

39. 为什么杂交能产生杂种优势？

两个遗传组成不同的亲本杂交，才能产生杂种优势，这就是说，形成杂种优势的根本原因是杂种本身遗传上的异质性，也就是说，杂种同源染色体上存在的一定数量的不同的等位基因，是产生杂种优势的根本原因。杂交一般可以获得10%～20%的增产效果。但是，并不是所有杂交都能获得杂种优势。杂种优势的表现，是各种因素的综合结果，并不是单一因素所起的作用。杂种优势一般只限于杂交一代，如果杂交一代杂种之间继续杂交，在基因重组时，会造成基因的进一步分离，导致杂交优势分离，群体发生退化。从理论上计算，如以 n 代表基因对数，则二代中不退化的个体占群体的百分比随着基因对数的增加而下降。因此，对杂种一代公猪的使用应慎重，特别是对血统混杂的种母猪，一般不宜使用杂种一代公猪。

40. 影响猪杂种优势的因素有哪些？

（1）杂交亲本。

①亲本应当是高产、优良、血统纯的品种，提高杂种优势的根本途径，是提高杂交亲本的纯度。无论父本还是母本，在一定范围内，亲本越纯经济杂交效果越好，能使杂种表现出较高的杂种优势，产生的杂种群体整齐一致。亲本纯到一定界限就使新陈代谢的同化和异化过程速度减慢，因而生活力下降，这种表现标准称新陈代谢负反馈作用。具有新陈代谢负反馈作用的高纯度个

体，在与有遗传差异的品种杂交，两性生殖细胞彼此获得新的物质，促使新陈代谢负反馈抑制作用解除，而产生新陈代谢正反馈的促进作用；促使新陈代谢同化和异化作用加快，从而提高后代的生活力和杂种优势。为了提高杂交亲本的纯度，需要进行育种工作。亲缘交配（五代以内有亲缘关系的个体间交配）的后代具有很高的纯度。尤其是用作经济杂交的公猪，必须是嫡亲交配所生的才能充分发挥巨大的杂种优势。

②杂交亲本遗传差异越大，血缘关系越远，其杂交后代的杂种优势越强。在选择和确定杂交组合时，应当选择那些遗传性和经济类型差异较大，产地距离较远而无相同关系的品种做杂交亲本。如用引进的外国猪种与本地（育成）猪种杂交或用肉用型猪与兼用型猪杂交，一般都能得到较好的效果。

③在确定杂交组合时，应选遗传性生产水平高的品种作亲本，杂交后代的生产水平才能提高。猪的某些性状，如外形结构、胴体品质不太容易受环境的影响，能够相对比较稳定地遗传给后代，这类性状叫作遗传力高的性状，遗传力高的性状不容易获得杂种优势。有些性状如产仔数、泌乳力、初生重和断奶窝重等，容易随饲养管理条件的优劣而提高或降低，不易稳定地遗传给后代，这些是遗传力低的性状，这类性状易表现出杂种优势。通过杂交和改善饲养管理条件就能得到满意的效果。生长速度和饲料利用率等属于遗传力中等的性状，杂交时所表现的杂种优势也是中等。

（2）杂交亲本品种的选择。选择杂交亲本除了考虑经济类型（脂肪型、兼用型和瘦肉型）、血缘关系和地理位置外，还应考虑市场对商品猪的要求及经济成本。亲本品种包括母本和父本。

①母本品种的选择：应当选择对当地饲养条件有最大适应性和数量多的当地猪种或当地改良猪种作母本品种。当地猪种或当

地改良品种所要求的饲养条件容易符合或接近当地能够提供的饲养水平，能充分发挥母本品种的遗传潜力。母本品种应当有很好的繁殖性能。我国的地方猪种最能适应当地的自然条件，母猪产仔多、母性好、泌乳力强、仔猪成活率高。而且地方猪种资源丰富，种猪来源容易解决，能够降低生产成本。在一些商品瘦肉猪出口基地，能够提供高水平的饲养条件，可以利用瘦肉型外来猪种作为母本品种。在瘦肉型外来品种中，大白猪的适应性强，在耐粗饲、对气候适应性和繁殖性能方面都优于其他品种。世界各国大多利用大白猪做经济杂交的母本品种。

②父本品种的选择：父本品种生产性能的遗传性要高于母本品种。应当选择生长快、瘦肉率和饲料利用率高的品种做父本。一般都选择那些经过长期定向培育的优良瘦肉型品种，如大白猪、长白猪和杜洛克猪等。父本品种也应对当地气候环境条件有较好的适应性。如苏联大白猪比较适应我国北方地区，而大白猪则适应华中和华南地区。如果公猪对当地环境条件不适应，即使在良好的饲养条件下，也很难得到满意的杂交效果。父本品种与母本品种在经济类型、体型外貌、地区和起源方面有较大差异，杂交后杂种优势才能明显。

（3）杂种猪的饲养管理。在进行猪的经济杂交时，不能只考虑品种组合、品种的遗传性生产水平和杂交优势率，而不重视饲养管理条件，尤其是饲料的营养水平。饲料的营养水平是获得遗传性生产水平和杂种优势的物质基础，当供给饲料的营养水平满足亲本遗传性生产水平需要，亲本的遗传潜力和杂种优势才能充分表现出来。所谓最佳杂交组合不是一成不变的，是随饲养管理条件，尤其是饲料营养水平而变化。所以要根据当地的饲养管理条件，选择适宜的品种进行经济杂交。

41. 猪的经济杂交方式有哪些?

生产商品猪最常用的方式是杂交,选择不同的杂交品种进行杂交组合,充分利用杂交优势,以获取最大的经济效益。目前生产商品猪主要杂交方式有二元杂交、三元杂交、四元杂交和轮回杂交等。

42. 两品种杂交在养猪生产中有何作用?

两品种杂交也称二元杂交,获得的杂种是二元杂种。方法是使用两个品种参加杂交,所产生的一代杂种全部用作商品肉猪。即甲品种(公)×乙品种(母)杂交,其杂交一代肉猪含有 50% 甲、50% 乙的血统(图3.1)。

二元杂交是由两个纯种相互杂交,其遗传性比较稳定,杂交效果可靠,杂交方法简单易行,成本低,容易推广。二元杂交杂种优势率最高可达 20% 左右,具有杂种优势的后代比例能达到 100%。

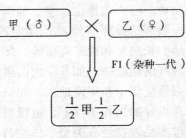

图3.1 二元杂交示意图

43. 两品种轮回杂交在养猪生产中有何作用?

两品种轮回杂交是两个品种杂交后,选择优秀杂种后代母猪,逐代地分别与原始亲本品种回交,如此持续不断地轮回下去,以保持杂种的优势,凡是杂种公猪和不合格的杂种母猪都进行肥育作为商品肉猪。两品种轮回杂交,在轮回三代以后,后代所含的两品种的血统基本趋于平衡,各占 1/3 或 2/3 逐代互变(图3.2)。

两品种轮回杂交只需饲养两个亲本品种的公猪,但为了防止亲缘交配,每代都要更换公猪,造成一定浪费。基本母猪群则是每代选留的杂种母猪,可以充分利用杂种母猪繁殖性能的杂种优势,但杂种母猪的遗传性不稳定,并有高度可塑性,从而降低杂种的生活力和生产性能。在轮回杂交过程中,回交亲本品种的遗传比例在后代提高,如果它是高产品种,则回交要求较高的饲养条件,否则杂种优势就不能明显表现出来。如果该亲本是低产品种,那回交后代的生产性能受遗传性的影响就会下降。

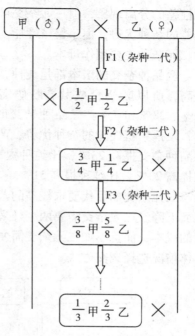

图3.2 两品种轮回杂交示意图

44. 三品种杂交在养猪生产中有何作用?

三品种杂交也叫三元杂交。方法是首先使用两品种杂交,获得两个品种一代杂种,在一代杂种中选留优秀杂种母猪作母本,再用第三品种公猪交配,产生的后代全部用作商品肉猪(图3.3)。

三品种杂交的效果不稳定,原因是要利用二元杂交的一代杂种,再与第三品种杂交,最终获得三元杂交的商品猪。而一代杂种的遗传性不稳定,具有较强的可塑性,易受外界条件的影响而变化,再与第三品种杂交时杂种优势不稳定。三元杂种会出现一致性差的分离现象,但三元杂交可充分利用两品种一代杂种繁殖性能的杂种优势,由于繁殖性能主要决定于母本,所以三元杂交时二元杂种主要用作母本。

两品种杂交的亲本都是纯种,杂种优势表现在子代生活力的提高,所以断奶育成数、断奶窝重和断奶后增重率分别提高19%、28%和7%。三品种杂交时,利用两品种一代杂种作母体,发挥繁殖性能的杂种优势,产仔数提高8%,断奶育成数比两品种杂交提高23%,比纯种提高42%,断奶窝重比两品种杂交提高23%,比纯种提高51%。

三元杂交的后代要求较高的营养水平,营养水平低生产性能反而下降。三元杂交需要两个外来品种作父本,不但提高了商品猪的成本,而且不如二元杂交简便易行。因此,各养猪场要根据具体情况选择杂交方式。

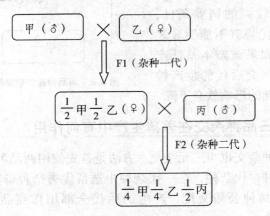

图3.3 三元杂交示意图

45. 如何区分内三元猪和外三元猪?

内三元就是国内品种猪作母本,与国外引进瘦肉型品种猪所生一代猪留种，再与终端父本杂交。内三元可以充分发挥我国地方良种猪繁殖性能好的特点，并且地方良种适应当地自然社会经济条件。内三元一般的杂交方式多采取以长白猪或大约克夏猪为第一父本，与当地母猪交配，再以杜洛克为第二父本，与一代杂种母猪进行第二次交配。

外三元全部选用外来品种杂交而成，一般以大白猪作母本，以长白猪作第一父本，以杜洛克作第二父本。具有生长速度快、抗病力强、生活力强、饲料转化率高、瘦肉率高的特点。

46. 养猪生产中有哪些优良杂交组合？

目前较为常见的杂交组合方式可归纳为三个类型。

（1）杜长大：以大白猪为母本，长白猪为第一父本，杜洛克猪为第二父本进行三元杂交（图3.4）。

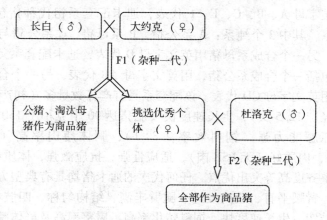

图3.4　杜长大三元杂交组合示意图

（2）杜大长：以长白猪为母本，大白猪为第一父本，杜洛克猪为第二父本进行三元杂交。

（3）皮大或皮长：以大白猪或长白猪为母本，皮特兰猪为父本的二元杂交。

其中,以第一杂交方式较多,尤以出口型的规模化猪场较为普遍采用。

47. 猪的配套系有哪些?

配套系就是以数组专门化品系为亲本,通过杂交组合试验筛选出其中的一个组作为"最佳"杂交模式,再依此模式进行配套杂交生产的商品猪。国外育成的配套系有PIC、斯格配套系、达兰配套系等。国内育成的配套系种猪有光明配套系、深农配套系、华特配套系等。

(1) 迪卡配套系。是美国迪卡公司培育出来的优秀配套系猪,包括原种猪(GGP)、祖代种猪(GP)、父母代种猪(PS)以及商品代肉猪。迪卡配套系原种猪包括5个专门化品系,分别用英文字母A、B、C、E、F代表,迪卡配套系祖代种猪包括4个品系,其中3个纯系:A系公猪、B系母猪、C系公猪与原种相同,另一个合成系母猪用英文字母D代表,迪卡配套系父母代种猪包括一个合成系公猪,用英文字母AB代表,另一个合成系母猪用英文字母CD代表。该配套系具有产仔数量多(初产11.7头,经产12.5头)、生长速度快(肥猪达90千克小于150天),采食抓膘能力强(饲料效率2.8∶1),胴体瘦肉率高(大于60%),肉质好(无PSE肉),适应性强,抗应激强,体质结实,群体整齐度高等突出优点。任何代次的迪卡猪均具有典型方砖形体型、背腰平直、肌肉发达、腿臂丰满、结构匀称、四肢粗壮、体质结实、生长速度快、饲料转化率高、屠宰率高及群体整齐的特征。

(2) 斯格配套系。斯格配套系是欧洲国家比利时斯格遗传技术公司选育的种猪,育种开始于20世纪60年代初,至今已有50多年的历史。他们一开始是从世界各地,主要是欧美等国,先后引进 20 多个猪的优良品种或品系，作为遗传材料，经过系统的测定、杂交、亲缘繁育和严格选择，分别育成了若干个专门化父系和母系。这些专门化品系作为核心群，进行继代选育和必要的血液引进更新，不断地提高各品系的性能。目前育成的 4 个专门化父系和 3 个专门化母系可供世界上不同地区选用。作为母系的 12 系、15 系、36 系 3 个纯系繁殖力高，配合力强，杂交后代品质均一。它们作为专门化母系已经稳定了近 20 年。作为父系的 21 系、23 系、33 系、43 系则改变较大，其中 21 系产肉性能极佳，但因为含有纯合的氟烷基因，利用受到限制。其他的三个父系都不含氟烷基因，23 系的产肉性能极佳，33 系在保持了一定的产肉性能的同时，生长速度很快，43 系则是根据对肉质有特殊要求的美洲市场选育成功的。

（3）PIC 配套系。PIC 国际种猪集团公司是全世界最大的种猪育种公司之一，目前在 30 多个国家设有分公司和种猪基地，其种猪出口到世界 54 个国家。PIC 公司推行三元和更先进的五元杂交育种系统，把几个品系的特点巧妙地组合，对繁殖力、生长性能、抗病性能、瘦肉率、肉品质等生产性能进行改良，生产出最佳的三元和五元杂交商品猪。其产仔成活数 9.43 头，母猪年产 2.23 胎，日增重 750 克，背膘厚 2.03 厘米。在五元杂交系统中，可以把不同品系的优点更佳地组合在一起，从而生产更好的商品猪（五元杂交商品猪）。五系配套猪，生长速度快，158 天可达 110 千克，瘦肉率 66%，料肉比 2.8:1。

（4）达兰配套系。达兰配套系是荷兰 TOPIGS 国际种猪公司选育的种猪。其利用优秀的大白猪、皮特兰猪等猪种作为选育素材，经过 30 多年的系统的性能测定、选择淘汰和配合力测定等选育成功的三系配套猪种。达兰配套系猪与现有的国外引进配套系猪一个很大不同点在于三系配套比较简练，生产体系的种用率比较高，达兰猪的繁殖性能好是很大的特点，母猪发情明显，特别是哺乳母猪断奶后,一周内发情率很高。达兰猪原种各系母猪的乳房发育良好,奶头饱满,泌乳能力强,窝产仔数高。商品猪白毛色,群体整齐,体质结实,具肉用型体型,没有应激反应,143～145日龄达100千克出栏体重,育肥期饲料转化率2.36:1,活体背膘厚度12～14毫米,眼肌高度5～5.5厘米,胴体瘦肉率65%左右,肉质好。

(5) 光明配套系。光明配套系由深圳光明畜牧合营有限公司培育,1998年7月通过国家畜禽品种审定委员会猪品种审定专业委员会审定,1999年7月通过农业部批准。光明配套系由父系、母系两个专门化品系组成。光明父系是以杜洛克猪为素材,光明母系是以施格母系猪为素材,分别组建基础群,经过5个世代选育而成。商品猪被毛大部分白色,出生至90千克体重日龄180天以下,体重30～90千克阶段,平均日增重880克,饲料利用率2.547:1,90千克体重时活体背膘厚2.4厘米以下。

(6) 华特配套系。华特猪配套系由甘肃省农业大学等五个单位联合培育,包括A、B、C三个专门化新品系,是以甘肃白猪及其他地方品种"基因库"为原始素材,根据杜洛克、长白猪和大约克的生产性能和种质特性,结合A、B、C三个专门化瘦肉型猪新品系培育方向,利用现代育种手段,筛选出与杜洛克(D)有特殊配合力的DA、DB和DABC理想配套模式。1999年通过甘肃省畜禽品种审定委员会审定。杜洛克为父系的父系,A系为父系的母系,B系为母系的父系,C系为母系的母系;DA为杂交父系,BC为杂交母系;DABC杂优猪为最终产品,其日增重747克,饲料利用率3.38,瘦肉率60.50%,肉质良好。

(7) 深农猪配套系。深农猪配套系是由深圳市农牧实业有限公司经过8年时间通过建立完整的杂交繁育体系以及一系列育种措施培育的,于1998年正式经过科技鉴定、农业部审定并命名为"深农猪配套系"。由父系、母Ⅰ系、母Ⅱ系三个专门化品系组成。深农父系是以杜洛克猪为素材,母Ⅰ系是以长白猪为素材,母Ⅱ系是以大白猪为素材,于1990年组建基础群,经过四个世代选育而成。配套系商品猪达100千克体重日龄180天以下,100千克体重时活体背膘厚18毫米以下,饲料转化率2.65:1以下,屠宰率72%以上,瘦肉率62%以上。

(8)中育配套系。中育猪配套系是中国农业大学和北京养猪育种中心选育的优质瘦肉型猪新配套系,2004年12月通过国家畜禽品种审定委员会的审定。中育猪配套系曾祖代包括C03、C09、B06和B08 4个专门化品系,商品猪命名为中育1号(CB01)。具有产仔性能高、生长速度快、瘦肉率高、饲料转化率高、肉品质优良等特点。商品猪达100千克体重日龄为147.40天,背膘厚为13.32毫米,饲料转化率为2.27,瘦肉率66.34%。

48. 为什么要发展猪的配套系杂交?

养猪生产中的杂种优势利用,已在全世界普遍被采用,使养猪业的经济效益明显提高(主要经济性状提高10%~15%),但随着养猪生产和技术水平的不断发展,人们发现一般品种杂交变异较大,常出现性能不稳定,一致性差的问题,同时不能综合更多品种(最多3、4个)的优点,往往不能保证突出性状的稳定遗传,从而使杂交商品猪的性状发生反复无常的变异。另一方面由于多年选择,一些老品种改良速度下降。另外,由于性状之间的负相关等原因,想要培育一个集中多个优良性状的"万能品种"也是行不通的。因此,国外从20世纪50年代后期,在养猪育种中开始了一种生产配套繁育育种的新模式,向着品种间"同质性状结合体"的育种方向发展,开始了合成(专门化综合品系)配套系杂交,生产杂优猪的养猪育种新阶段。

49. 猪人工授精技术在高效养猪中的作用有哪些?

猪人工授精技术是以种猪的培育和商品猪的生产而采用的最简单有效的方法,是进行科学养猪、实现养猪生产现代化的重要手段。

(1) 提高优良公猪的利用率,促进品种改良和提高商品猪质量及其整齐度。在自然交配的情况下,一头公猪一年负担25～30头母猪的配种任务,繁殖仔猪600～800头,而采用人工授精技术,一头公猪可负担300～500头母猪的配种任务,繁殖仔猪1万头以上。对于优良的公猪,可通过人工授精技术,将它们的优质基因迅速推广,促进种猪的品种品系改良和商品猪生产性能的提高;同时,可将差的公猪淘汰,留优汰劣,减少公猪饲养量,从而减少养猪成本,达到提高经济效益的目的。

(2) 克服体格大小的差别,充分利用杂种优势。在自然交配的情况下,一头大的公猪很难与一头小的母猪配种,反之亦然;根据猪的喜好性,相互不喜欢的公、母猪也很难进行配种,这样对于优秀公猪的保种(要指定配种)和种猪品质的改良,都将造成一定的困难。对于商品场来说,利用杂种优势,培育肥育性能好、瘦肉率高、体型优秀的商品猪,也将会造成一定的困难。而利用人工授精技术,只要母猪发情稳定,就可以克服上述困难,根据需要进行适时配种,这样有利于优质种猪的保种和杂种优势充分发挥。

(3) 减少疾病的传播。进行人工授精的公、母猪,一般都是经过检查确定为健康的猪只,只要严格按照操作规程配种,减少采精和精液处理过程中的污染,就可以减少部分疾病,特别是生殖道疾病(不能通过精液传播的疾病)的传播,从而提高母猪的受胎率和产仔数。但要注意部分通过精液传播的疾病,如感染口蹄疫、非洲猪瘟、猪水疱病等。还有在没表现出症状之前的公猪和携带伪狂犬病毒、猪细小病毒的公猪，采用人工授精时，均可进行传染。故对进行人工授精的公猪，应定期进行必要的疾病检测。

(4) 克服时间和区域的差异，适时配种。自然交配时，由于母猪发情却没有公猪可利用，或需进行品种改良但引进公猪又较困难，以上情况时时困扰着养猪场。采用人工授精后，可将公猪精液进行处理保存一定时间，可随时给发情母猪输精配种，可以不引进公猪而购买精液，携带方便，经济实惠，并能做到保证质量和适时配种，从而促进养猪业社会效益和经济效益的提高。

(5) 节省人力、物力、财力，提高经济效益。人工授精和自然交配相比，饲养公猪数量相对减少，节省了部分的人工、饲料、栏舍及资金。

50. 影响猪人工授精效果的因素有哪些？

猪的人工授精技术，在我国大型养猪企业中已逐步被接受和推广应用，并且效果明显，具有受胎率高、产仔数多、母猪生殖道疾病少等优点，而有的猪场效果却差，母猪情期受胎率和产仔数均比自然交配低，患子宫炎的比例增多。为什么都是人工授精，但效果却相差甚远呢？那影响猪人工授精效果的主要原因有哪些呢？

(1) 公猪精液原因。公猪精液品质的好坏，是影响母猪情期受胎率和产仔数的直接原因。一是精液品质不良，正常的公猪精液含有公猪精液特有的微腥味，颜色应当是灰白色或乳白色，没有异物、血液、尿液污染。采出的精液没有认真观察就稀释输精，当精子死亡率大于20%，或者活力低于0.7时，会导致母猪情期受胎率和产仔数降低。二是精液稀释不当，对精子的伤害很大，如没有按照稀释的倍数、温度、步骤进行稀释，或者使用过期及不合格的稀释液等，都会造成精子死亡，影响精子活力。因此，精液在使用前均要检查其品质。三是精液保存、使用不当，对精子的活力也有一定影响，如精液保存过程中温度不稳定或没有定时翻动；在炎热的夏天或寒冷的冬天，精液瓶或袋在外界裸露时间太长，由于热应激或冷应激的影响，精液品质均会发生变化，精子活力降低，也可导致母猪的情期受胎率和产仔数下降。因此，在夏天或冬天输精前，精液最好用泡沫箱盛放。

（2）母猪原因。由于饲喂或管理不当导致母猪体况不佳，发情表现不明显，即使发情后输了精，也容易返情；或由于母猪日粮中部分营养物质缺乏，容易造成胚胎早期死亡，导致母猪返情或产仔数少。因此，配种前要注意母猪日粮和体况的调节。

母猪疾病影响，母猪患有子宫炎，母猪输卵管堵塞，造成无法形成受精卵，不会受胎。如果母猪患有猪瘟、乙型脑炎、细小病毒病、蓝耳病等各种热性病等，输精后很容易返情，即使受胎，也容易造成胚胎早期死亡而导致母猪产仔数少。因此，有病的母猪应先治疗，痊愈后方可进行输精。

（3）人为原因。配种技术员是母猪情期受胎率和产仔数的重要影响因素。主要表现在以下几个方面：一是发情鉴定技术参差不齐，配种员观察发情的时机不合适，都会影响母猪的受胎率和产仔数。正常情况下，母猪出现发情症状后30~36小时表现出站立反应，38~41小时开始排卵，一般卵子在6小时以内有受精能力，而精子在母猪阴道内存活24小时左右。因此，第一次输精时间应选择在母猪出现站立反应后8~12小时，太早或太迟都造成不良后果，然后间隔12小时左右进行第二次输精。二是准备工作不细致，输精前如果不对母猪外阴进行清洗、消毒，很容易通过输精管将细菌或病毒带入母猪阴道或子宫，以致引起母猪子宫炎等疾病，从而影响人工授精效果。三是输精技术，插入输精管时，注意是否插入了尿道，要斜向上45°左右旋转插入，不能硬插，以免损伤母猪阴道，并且在输精管头部事先涂上润滑剂，以利于插入。输精时要抚摸母猪外阴或下腹部乳房，以增强母猪的兴奋性，提高人工授精效果。四是输精时间，输精时间与母猪情期受胎率和产仔数有很大关系。试验表明，输精时间在3分钟以内的母猪与5分钟以上的母猪相比较，前者的受胎率和产仔数远远低于后者，且差异显著。因此，母猪配种时输精时间应控制在5分钟以上，但也不要太长，以免影响工作的正常进行。五是输精后母猪姿势，输完精液的母猪不能马上卧下，否则精液容易倒流，影响人工授精效果。因此，输完精后，拍打一下母猪臀部，让它运动，不要卧下去。

（4）除了以上原因外，天气、温度、饱腹情况、品种等在一定程度上也会影响人工授精的效果。一是天气情况，根据经验，晴天输精的母猪比阴雨天输精的效果好。二是温度影响，温度太高，精子、卵子的受精时间缩短，早期胚胎容易死亡；温度太低，母猪会受冷应激的影响，均影响人工授精的效果。三是饱腹情况，一般输精在喂料前进行，如果吃料后输精，母猪不愿意走动，性欲低，容易导致返情。四是母猪品种，一般地方品种猪发情明显，输精效果好，引进品种发情不明显，输精效果略差。五是输精管，质量较好的一次性输精管输精效果较好。有些质量不好的一次性输精管由于前端海绵头太薄或海绵头容易脱落，输精时容易损伤母猪阴道，从而造成母猪子宫炎等，影响母猪的受胎率和产仔数。

51. 如何选择优秀的种公猪？

选择公猪时应该考虑到两个重要条件，一是选择的公猪能够保持猪群生产水平，二是所选公猪能够改进猪群的缺点。

（1）品种。选择公猪品种，应根据自己场的改良计划引进。引进的种猪要符合本品种特性，重视公猪本身的性能记录资料。选择优良性能的公猪可改进猪群的弱点，同时也可增进其优点。

因此，一个高性能猪群的成功条件就是使用性能优越的公猪。

（2）年龄。应选择或购买6～7月龄公猪，但开始使用的最小年龄必须达8月龄。大部分的公猪要到7月龄时才能达到性成熟。更新公猪应该在配种季节开始前至少60天就购入，这样就有充分的时间隔离检查其健康状况、适应猪场环境、训练配种或评定其繁殖性能。

（3）生产性能记录。公猪的生产性能记录或公猪同胎的记录，在公猪的选择上是十分重要的参考资料。要选择猪群中或检定猪中性能最好的50%，选择每胎分娩头数10头以上，断奶头数8头以上的猪只，在相同生长条件下育成的猪只（例如，相同水泥地面，相同漏缝地板，相同舍饲条件，相同放牧条件等）。

（4）系谱记录。系谱记载有公猪的祖先、血统，可以参考其生产性能中的繁殖（例如，泌乳能力、母性）等有关的性状，对选择公猪也是非常有用的。

（5）健康状况。猪群的健康状况是选择公猪应该考虑的重要因素之一。我们所购买的公猪必须是来自一个健康猪群，因此，在购买、选择公猪之前应观察所有猪只的健康状况。公猪生产性能应达到的标准为：生长肥育期日增重800克以上，料肉比2.8:1，瘦肉率62%以上，是具有潜力的公猪。

52. 如何选择优秀的后备母猪？

所在窝仔猪数和该窝仔猪的断奶体重是由母亲遗传的，应依此选择母猪。身体健全和来自大窝的母猪，若生长速度、瘦肉率都高，就应留做后备母猪，反之，来自小窝的母猪不宜留种。

（1）体型外貌良好。在选择后备母猪时，体型没有可以干扰到正常繁殖性能的缺陷或缺点。有三个方面应特别注意，即生殖器、乳房和骨骼。在选择后备母猪时，必须符合这三个方面的最低要求。后备母猪应繁殖正常、外生殖器发育正常。阴户小的

三、高效养猪品种繁育技术

母猪,表明产道停留在发育前的状态,这种母猪不宜留种。脚部和腿部有问题的后备母猪,由于会干扰正常的配种、分娩和哺乳,因此,不宜保留。

(2) 乳腺功能正常。后备母猪应该有数目足够和功能健全的乳头,小母猪每侧至少要有6对相隔适当距离和完整的乳头,当后备母猪达初情期时,乳腺组织应该变得更显著,这样才表示乳头发育正常。

(3) 品种的选择。母猪品种的确定,应以所选用的杂交体系为基础。规模化商品肉猪生产中的母猪大都采用长大或大长二元杂交母猪作为母本,二元母猪主要从专业的育种场购入。由于母猪每年淘汰,故应每年从育种场购入一定数量的后备母猪。对于小群自繁自养的猪场,可采用级进杂交的方式每年从杂交后代中选留后备母猪,而公猪定期从育种场购入。这样虽然母猪的杂交优势利用不充分,但可以减少频繁引种的风险。

(4) 年龄。拟作为种用的母猪,从初生时就应开始选择。首先,从产仔窝的猪群中选择,若同窝中仔猪出现疝气、隐睾及其他畸形猪,则不选。留做种用的仔猪应打耳号做标记。断奶时,检查仔猪的乳头数,选留多于12个间隔均匀乳头的母猪。体重90千克时将选好的母猪与肉猪分开,进行限制饲养,提高饲料中微量元素和维生素的用量。观察后备母猪的初情期,做好记录,2~3个情期后开始配种。

53. 猪常见的遗传缺陷有哪些?

遗传缺陷是猪群中经常见到的一类异常,是由于生殖细胞或功能上发生了改变,从而使发育的个体所患的缺陷或异常,具有垂直传递与终生性特征。其遗传机制不外乎染色体畸变和基因突变。

(1) 先天性上皮缺损。先天性上皮缺损又称皮肤发育不全。

患猪通常3天内因感染而死亡，为单基因常染色体隐性异常。

（2）稀毛症。是由常染色体基因位点控制的少毛性状。有两种类型，一种为显性遗传稀毛症，另一种为隐性遗传稀毛症。

（3）内翻乳头。又称火山口乳头。主要出现在脐部或腹前部，腹后部出现频率较低。早期认为此缺陷属单基因隐性遗传，但Clayton等（1981）发现此种异常属多基因遗传，遗传力约0.2。

（4）矮小症。通过选择形成的矮小型猪，作为实验动物用，最小的矮小型猪是墨西哥的Cuino，成年体重只有12千克。

（5）脊椎异常。主要形成是脊椎融合，使脊椎数减少，体躯变短，表现家族性，如拱背。

（6）恶性高热。体温进行性升高，肌肉痉挛和代谢物酸中毒，导致猪应激综合征及PSE肉。发生机制为横纹肌原生质的肌浆钙离子释放通道基因RYR1的第1843碱基由C突变成T，导致第615氨基酸由精氨酸变成半胱氨酸，为单基因隐性遗传。

（7）阴囊疝。肠管进入阴囊形成的疝，有家族性，符合两对隐性基因重叠遗传。

（8）·脐疝。肠管经脐部突出于皮下，有家族性。

（9）隐睾。睾丸未降下，有单侧隐睾（单睾）与双侧隐睾，两种异常均为家族性，过去的资料认为是常染色体隐性遗传，近来资料认为是多基因遗传。

（10）间性。间性又称两性畸形，常由于性染色体异常引起。

（11）睾丸雌性化。患猪核型为XY，有发育不全的睾丸，但有阴户、阴道及发育不全的子宫。这种性畸形猪的出现是由于X染色体有一睾丸雌性化突变基因，使机体不能或很少形成雄性激素受体蛋白，从而影响机体的雄性化过程而出现雌性特征。属X连锁隐性遗传。

三、高效养猪品种繁育技术

54. 影响公猪性欲的因素有哪些？

公猪的性欲受到遗传、环境和激素等方面的影响。一般来说，除了遗传因素外，种公猪的性欲问题是由环境因素造成的，而不是激素分泌的问题。换句话讲，大部分种公猪，给予适当的环境和刺激，都会表现出正常的性欲。使用激素来刺激种公猪性欲和提高精子生产率常常无效。

（1）先天性生殖器官发育不全或畸形。如隐睾、睾丸或附睾不发育、急性或慢性疾病等引起生殖器官发育不良。

（2）饲养管理不善。如种公猪配种过度或长期无配种任务，运动不足，种公猪年老体衰，未达到体成熟或性成熟，交配或采精时阴茎受到严重损伤，或受惊吓刺激，公、母混养。

（3）营养。种公猪长期营养不良，尤其是蛋白质、氨基酸、维生素（尤其是维生素 E 或维生素 A）或矿物质等缺乏或不足，导致公猪过肥或过瘦以致腿软。

（4）疾病。公猪感染病毒性（如蓝耳病、猪日本乙型脑炎病）或细菌性疾病（如布氏杆菌病）、体内外寄生虫病等都可造成公猪无性欲或缺乏性欲。此外，生殖器官炎症，后躯或脊椎关节炎，肢蹄疾病等均可引起交配困难或交配失败。

（5）温度。天气过冷、过热可导致公猪不射精或阴茎不能勃起。

55. 怎样控制种公猪的采精频率？

猪精子的发生大约需要 42 天完成，采精过于频繁的公猪，精液品质差，密度小，精子活动低，与配母猪配种受胎率低，产仔数少，公猪的可利用年限缩短。经常不采精的公猪，精子在附睾储存时间过长会死亡，采得的精液活精子少，精子活力差，不适合配种。故公猪采精应根据年龄按不同的频率采精，不能随意采精。经训练调教后的公猪,一般1周采精1次,12月龄后,每周可增加至2次,成年后每周2~3次。

56. 影响种公猪采精量的因素有哪些?

后备公猪的射精量一般为150~200毫升,成年公猪为200~300毫升,有的公猪射精量高达700~800毫升。影响采精量的原因包括种公猪自身的问题以及饲养管理和采精技术。

(1) 种公猪自身问题。种公猪个体差异,有的种公猪性欲旺盛,一次射精数量多,有的射精数量少且断断续续,对于射精量少且精液品质低劣的公猪不适宜做采精用,予以淘汰。壮年公猪(2岁)的采精数量多,新参加采精的公猪和年龄偏大的公猪采精数量少。一般公猪的精液密度是2亿/毫升,有些公猪精液密度较大,甚至高于3亿/毫升,虽然射精量少,但其有效精子数量(直线前进运动)不少于正常公猪,仍可以留用,只需稀释倍数加大而已。

(2) 种公猪的健康状况。健康的种公猪性欲旺盛,每次都可以采到数量很多的精液,种公猪患病之后,主要是体温升高(炎症过程)、瘦弱(寄生虫)以及外伤引起的四肢疾病等,导致性欲减退,精液数量减少。

(3) 环境因素。高温与严寒对公猪的射精量具有明显的负面影响,根据季节的不同对猪舍和采精室分别采取降温和保温措施一定能提高采精量。总体来讲,公猪比较容易适应人工采精,但有的公猪对采精地点的光线、色调、安静程度及母猪影响等比较敏感,改换采精地点对某些公猪来说可以提高射精量,而对另外一些公猪则恰恰相反,因此要善于了解每一头公猪的特点而加以区别对待。

(4) 采精技术。采精手法和熟练程度对采精也有影响。初学者采精量往往较少,不要气馁,要相信熟能生巧,通过耐心地磨合，采精员与公猪一定能达到完美的配合，采精量自然随之上升。

一周岁以前的小公猪采精量较少，在正常情况下随着年龄的增长射精量会逐步升高。如果采精技术不良，采精量会越来越少。附睾内的精子排空以后再充盈至少需要3天时间，如果采精过于频繁，势必减少采精量。

（5）营养因素。消瘦、肥胖，蛋白质、维生素、微量元素的缺乏都能导致公猪射精量减少和质量降低。

57. 如何进行公猪的采精操作？

采精是实施猪的人工授精技术的前提工作，操作人员必须熟练掌握采精技术，才能很好地开展猪的人工授精。采精一般在采精室内进行，通过双层玻璃与精液处理室联系。

（1）采精前准备。

①准备采精用具：将准备盛放精液用的采精袋放在采精用的保温杯中（工作人员只接触留在杯外采精袋的开口处），打开袋口，环套在保温杯口的边缘，并将专用的精液过滤纸（或消过毒的四层纱布）罩在杯口上，用橡皮筋套牢，连同盖子放入37℃的恒温箱中预热。采精时，拿出保温杯盖上盖子，然后传递给采精室的工作人员。

②公猪的准备：采精前，先将公猪尿囊中的尿液挤出。若公猪阴毛太长，要用剪刀将其剪短，防止操作时抓住阴毛而影响公猪阴茎的勃起。然后，用水冲洗公猪的全身，特别是包皮部分，要冲洗干净并擦干，避免采精时残液滴入精液中。

③采精室的准备：将母猪台周围清扫干净，不要积水、积尿。特别是公猪精液中的胶体，一旦落到地面，公猪走动时就很容易打滑，易使公猪扭伤而影响生产。

（2）采精方法。

①刺激公猪产生性欲：将公猪赶到采精室，先让其嗅、拱母

猪台，工作人员用手抚摸公猪的阴部和腹部，以刺激其性欲的提高。

②科学抓握公猪阴茎：采精前，握阴茎的那只手一般要戴双层无菌薄膜手套。将公猪包皮内的尿液挤出后，将外层手套去掉，以免污染精液或感染公猪的阴茎。公猪在性欲达到高潮时，会爬上母猪台，并伸出阴茎龟头来回抽动。此时，采精人员若用右手去抓握公猪的阴茎，要蹲在公猪的左侧，左手拿采精杯，右手抓住公猪阴茎的螺旋头处，顺势抽拉猪的阴茎和稍微回缩，直至公猪开始射精；若用左手去抓握公猪的阴茎，则要蹲在公猪的右侧，右手拿采精杯。无论是用左手还是用右手抓握公猪的阴茎，都要注意用拇指和食指抓住阴茎的螺旋体部分，其余3个手指给予配合，像挤牛奶一样随着阴茎的勃动而有节律地捏动，以刺激公猪。公猪一旦开始射精，手应立即停止捏动，只需握住阴茎就行。公猪射精后，应马上捏动，以刺激其再次射精。

③适时采精：公猪射精时，前面射出的较稀的精液应弃掉不用。当射出乳白色的液体时，即为浓精液，就要用采精杯收集起来。射精的过程中，公猪会多次射出较稀的精清，要连同最后射出的较为稀薄的部分和胶体都弃掉。采精结束后，将过滤纱布及上面的胶体弃掉，然后将精液袋上部撕去，用盖子盖住采精杯，迅速传递到精液处理室进行检查处理。

58. 采精过程中要注意哪些问题？

在采精过程中，我们需要注意一些事项来保证精液质量，如公猪的使用频率，采精杯要有避光、保暖功能等。

（1）采精杯要有避光、保暖功能，忌用透明玻璃杯作为采精杯。使用前套好滤纸，预热至37℃。

（2）剪短包皮被毛，挤出包皮内的积尿。先用低浓度消毒液后用清水清洁公猪腹部和包皮部，抹干。要保证猪体干净，防止异物掉入采精杯。采精时,采精杯位置应高于包皮部,可防止包皮部液体流入采精杯内。

(3)射精过程中不要松手,否则压力减轻将导致射精中断,可以适当调整手心的松紧程度,以便能够采到更多的优质精液。注意在采精时不要碰阴茎体,否则阴茎将迅速缩回。

(4)最初射出清亮部分精液不接(5~10毫升),等到有乳白色精液出现时开始收集。

(5)原精液储存时间不能超过30分钟,应马上进行品质检查及稀释。

(6)精液如带有绿色是混有脓液,带有淡红色或红褐色是混有血液,黄色是尿液。凡发现颜色有异常的精液,说明精液不纯或公猪有生殖道病变,均应弃去不用。

(7)注意公猪的使用频率,一般年轻公猪1周1次,成年公猪1周2~3次。

59. 如何检查精液品质?

公猪的精液品质决定了母猪的生产性能和产仔数量与质量,因此精液使用前要进行品质鉴定,否则不能进行人工授精。

(1)肉眼检查。

①射精量:过滤后的精液数量叫射精量,但因品种、年龄、季节、营养状况及两次采精间隔时间而有差异,一般为200~300毫升,最高可达700~800毫升。若射精量过多或过少,均需查明原因,予以改善。

②精液颜色:正常精液颜色为乳白或灰白色,若颜色不正常,均属于不正常精液,不能使用。如混有血液呈红褐色,混有脓液为绿色,混有尿液呈棕黄色,精液排出不足为青灰色,混有絮状物的则表示公猪患有副性腺炎症,应立即寻找原因。如属种公猪生殖器官疾病,要及时进行治疗,精液不能使用。

③精液气味:新鲜的精液有特殊的腥味,若带有臭味、尿味均属不正常精液,不能使用。

④精液酸碱度:用玻璃棒蘸取一点精液于酸碱试纸上,对照比色。正常精液的 pH 值为 6.9~7.5,如 pH 值超过或低于这个范围均不能使用。

(2) 显微镜检查。

①精子密度:精子密度是指每毫升精液中含有精子数量的多少,是衡量精液品质的一个重要指标。现在一般采用精子密度仪进行测量。对于没有精子密度仪的单位可采用估测法,在检查精子活力的同时,进行精子密度的估测,即在显微镜下按视野内直观精子的密度评定等级,常分为密、中、稀三个等级。

密:精子充满整个视野,精子之间所留空隙不足一个精子的长度,这种密度,每毫升精液中约含精子 3 亿个以上。

中:视野中精子数量很多,但精子之间有明显的空隙,其距约为一个精子的长度,这种密度,每毫升精液中含精子 1 亿~3亿个。

稀:视野中只能看到少数精子,精子之间空隙很大,大于 2个精子的长度,这种密度,每毫升精液中精子低于 1 亿个。

②精子畸形率:一般品质优良的精液,其精子畸形率不超过 18%。计算精子畸形率一般是在高倍显微镜下进行(不低于 600倍),观察的精子总数不少于 500 个,并计算畸形精子的百分比。

③精子活力:评定精子活力,一般是根据显微镜下呈直线前进运动精子所占全部精子的百分比,采用 10 级评分法。即视野中 100% 的精子都做直线前进的为 1 级、90% 为 0.9 级、80% 为 0.8 级,以此类推。精子活力低于 0.6 级、畸形精子超过 18% 的精液一般不用。

目前,先进的精子自动分析系统可自动完成精液质量的检测工作,但购买仪器的成本较高,适合资金雄厚的大企业。

60. 什么是精子畸形率，畸形精子的类型有哪些？

精子畸形率是指异常精子占总精子数的百分率，一般要求畸形率不超过18%，其测定可用普通显微镜，但需要伊红或姬姆萨染色，相差显微镜可直接观察活精子的畸形率。畸形精子是指头、体、尾的形态变异，头部畸形有巨大头、无定形、双头等；体部畸形有体部粗大、折裂、不完整等；尾部畸形有卷尾、双尾、缺尾等（图3.5）。

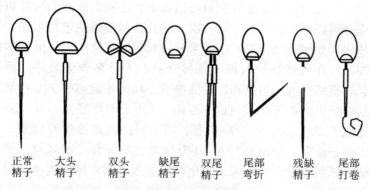

图3.5 畸形精子的各种形态

61. 精液稀释的目的是什么？

新采集的精液精子浓度高，而且温度较高，精子的代谢强度大，很快就产生大量的代谢产物，并使其自身的生命耗尽。即使很短的时间内，都可能因精子的代谢产物对精子产生毒害，而使精子保存时间缩短。精液稀释的目的，一是增加精液容量，扩大配种头数，提高种公猪的利用率。二是可给精子提供营养，中和代谢产物，并且在精液降温时起到保护作用。三是使精子休眠，稀释液能创造弱酸性环境，抑制精子活动，而大大延长精子的存活时间,并能保持精子的受精能力。四是抑制精液中有害微生物的活动和繁殖,减少母猪因配种感染疾病的机会。五是便于精液的保存和运输。所以,对人工授精来说,猪精液尽快地进行稀释十分重要。

62. 精液稀释要注意哪些事项?

精液在输精前必须用配制好的稀释液进行稀释,稀释时要注意以下事项:采精前应把稀释液准备好,至少提前1小时配制稀释液,将稀释粉充分溶解到双蒸馏水中,经磁力搅拌器搅拌以达到充分溶解的目的,再过滤一次,然后在水浴锅内进行预热,以备使用。如用不完可储存,但要在24小时内使用完。抗生素的添加,应在稀释精液时加入到稀释液,太早易失去效果。稀释前,调整稀释液的温度和原精液接近,相差不能超过1℃;新采的精液应迅速放入30℃保温瓶中,以防止温度变化。特别是当室温低于20℃时,由于冷刺激,精子可能出现冷休克现象,不利于精子保存;精液最好在30分钟内完成稀释。稀释时,使稀释液沿精液瓶壁缓缓加入,防止将精液迅速倒入稀释液内,造成局部稀释打击。如做高倍稀释,应分次进行,先低倍后高倍,防止精子所处的环境突然改变,造成稀释打击;稀释后将精液瓶轻轻转动,使精液与稀释液混合均匀,切忌剧烈震荡;精液稀释后,应立即进行镜检,活率应大于0.7。

63. 为什么精液稀释主张用商品化的稀释粉?

稀释粉是根据精液的理化性质配制的一种非常复杂的试剂,它的好坏影响到稀释后精液的保存时间,更影响到母猪的受胎率及产仔数,直接影响猪场经济效益。商品化稀释粉剂具有质量稳定,批次间变化小,便于人工授精的规范化操作和管理。养猪业发达的国家广泛使用商品化猪精液稀释剂。如果自己配制精液稀释粉，无法保证质量，造成精液保存效果不佳，影响经济效益。因此，大多数猪场很少自己配制精液稀释剂。

64. 为什么要在精液分装过程中将瓶中空气排出？

精液分装时，如果留有空气没有排出，会对精子造成不利的影响。空气中含氧气可以加速精子代谢，减少精子的保存时间。空气中还可能存在微生物，对精子造成不利影响。另外，会导致精子在保存和运输过程中产生震荡，对精子造成伤害。因此，精液分装时要将空气排出。

65. 稀释后的精液怎样储存？

稀释后的精液保存方法有三种，分为常温（15~25℃）保存、低温（0~5℃）保存和超低温（-196~-79℃）保存。前两种以液态形式做短期保存，称液态保存，后者以冻结形式长期保存也称冷冻保存。猪精液主要采用常温保存。常温保存是将精液放在一定变动幅度的室温下保存（也称室温保存），精液稀释分装后，要在室内进行降温平衡，先放置在22~25℃的室温内逐步降温1小时后，然后放在16~17℃的冰箱中保存。精液储存2~3天后，有效精子数将会减少，在使用前需要检查精子活力，活力低于0.7不能使用。

66. 保存精液应注意哪些事项？

保存精液的最佳设备是17℃恒温箱。分装后的精液，不能立即放入17℃左右的恒温冰箱内，应先留在冰箱外1小时左右，让其温度下降，以免因温度下降过快而刺激精子，造成精子死亡。不论是瓶装或是袋装，均应平放，并可叠放。从放入冰箱开始，每隔12小时，要摇匀一次精液，因精子放置时间过长，大部分会沉淀。每次摇动都应有摇动时间和人员的记录。保存过程中,一定要时刻注意冰箱内温度变化,以免电压不稳而导致温度升高或降低。冰箱应放于室内,冰箱内外温差不可过大,以避免冰箱内温度不易保持。此外,精液需避光保存,避免阳光直射造成精子死亡。

67. 运输精液需注意哪些事项?

精液在运输过程中采取的措施是否得当对精液质量有直接影响,从而影响到猪场的配种与产仔情况。因此,在精子运输中要注意以下几点:一是精液必须合格,有详细说明书,标明站名、公猪品种和编号、采精日期、精液剂量、稀释倍数、精子活力和密度等。二是运输过程中,注意保持输精瓶或输精袋的密封性,防止精液外流,同时应避免在运输过程中产生大的震荡。三是注意保持温度的恒定。场内使用,可直接用厚棉垫包裹精液放入泡沫箱进行运输。短距离运输一般用车载恒温箱,温度在16~18℃。注意夏天不能使用冰块来进行降温保存。四是要防止阳光直射到泡沫箱,更不能直射到输精瓶上。

68. 后备母猪什么时候开始配种为宜?

后备母猪性成熟的月龄随品种、气候、饲养管理条件的不同而不同。地方猪品种,一般在出生后3~4月龄开始发情;外国及我国的培育品种,一般在生后的4~5月龄开始发情,虽然此时母猪有配种的欲望及受胎的可能性,但此时由于小母猪本身还未达到体成熟,生殖系统尚未发育完善,自身也正处于生长发育的旺盛期,不能让其参加配种。如果配种过早,不仅产仔数少,而且出生仔猪体重小,体质差,成活率低,还会影响以后的生长发育。

在正常饲养管理条件下,后备母猪的适宜初配年龄安排在第三个发情期较为适宜。一般认为,我国地方品种的初配年龄应在生后6~8月龄，体重60~70千克以上；国外引入品种、我国培育品种和杂种的初配年龄应在生后8~10月龄，体重80~100千克以上。有的后备母猪月龄虽已达到配种要求，但体重尚未达到配种要求，则应以体重标准为主进行初配。后备母猪的体重为成年体重的50%左右开始配种为宜。对发育受阻的母猪应及时淘汰，勉强留作种用对生产不利。

69. 母猪发情有什么症状和规律？

母猪全年发情不受季节限制，发情周期一般为16~25天，平均21天。发情一般可持续3~5天，一次发情期内排卵可达5~40个不等，排卵一般在发情开始后24小时左右，发情持续时间长的，其排卵时间亦相应推迟，排卵时间一般为10~15小时或更长，卵子在输卵管中一般8~12小时内有受精能力。一般上午8点和下午2点各检查一次母猪是否发情。

根据母猪的发情症状，母猪发情可分为前、中、后三期。

（1）前期。表现兴奋不安，采食量明显下降，外阴部红肿，并试图爬跨其他猪只。但拒绝交配，人走近时就会走开。

（2）中期。外阴有可见黏稠分泌物，两耳竖立（大约克猪最明显）。被其他母猪爬跨时站立不动，这时用手按压母猪背部，母猪站立不动（称为静立反射）。这时配种受胎率最高。

（3）后期。外阴部开始收缩，颜色变淡，食欲正常，精神安定，站立反应消失，拒绝交配。

70. 促进母猪正常发情有哪些常用方法？

我国部分猪场，常存在着空怀母猪不发情或者是屡配不孕的现象，给养猪场造成很大的经济损失。目前，猪场常采用以下催情和促排措施。

（1）加强饲养管理。提供全价日粮，母猪日粮蛋白质含量应占日粮的12%为宜，供给充足的维生素和矿物质，提供营养全面的日粮，供给充足饮水，培育肥瘦适中的母猪（以稍微露出脊椎骨为宜），这样的母猪，一般能够及时发情排卵；加强运动，每天清早或下午将母猪放出围栏驱赶运动1~2小时，驱赶距离1 000~1 500米，不仅增强母猪的体质，而且还能呼吸新鲜空气，调节机体发情排卵；注意环境卫生，圈舍要勤打扫，勤换垫草，勤消毒，以防传染病和有害气体的影响。

（2）使用催情措施。

①试情法：把公、母猪关在同一圈内，母猪通过视觉、嗅觉及触觉受到公猪强烈的性刺激，经神经传导，促使脑垂体产生促卵泡成熟激素，从而诱发母猪发情排卵。个别母猪对公猪具有选择性。当用一头种公猪与母猪接触后引不起发情时，可重新调换另一头种公猪与该母猪接触，往往可以刺激发情排卵。另外，长期饲养在种公猪圈边的后备母猪，有的久不发情，若重新调换种公猪与这些后备母猪接触，常易引起发情排卵。

②饥饿法：对过肥母猪采取限饲，使其掉膘，然后补饲催情。对稍肥母猪，采取饥饿24小时，不供料，只给水，可促进发情排卵。

③按摩乳房：对个别发情较晚的母猪，每天早上饲喂后按摩乳房10分钟，坚持10天左右，可以促使母猪发情。

④断奶催情：若有较多的母猪在较集中的时间内产仔，可把产仔少或泌乳力差的母猪所产仔猪，寄养给其他母猪哺乳，使产仔少的母猪停止哺乳，促进发情。对哺乳仔猪实行28~35日龄早期断奶，可促进母猪及时发情。

⑤药物催情：对于个别迟迟不发情的母猪，可肌内注射1支孕马血清或绒毛膜促性腺素1 000单位，经3~5天即可发情。

⑥红糖催情：红糖0.5~1千克，倒入铁锅内炒焦，加水1.5~2.0千克加温至沸，待凉后拌料饲喂母猪，连喂3~5天，可

使乏情母猪发情。

71. 怎样把握配种时机？

生产中要使母猪容易配得准，产仔多，仔壮，就应争取在排卵时配种或输精。排卵是在发情期内进行的，但到底什么时候排卵肉眼是看不见的。生产实践及试验表明，要使母猪容易配准，并且多产仔，一定要在排卵前2～3小时配种。其排卵开始时间约在发情母猪接受公猪爬跨后的24～36小时，发情期短的母猪排卵较早，发情期长的母猪排卵较晚。排卵的连续时间为10～15小时，配种过早、过晚都不利于受精，只有在排卵最集中的时间配种，才能增加受精卵的数量，受精卵也最健壮。如配种过早，卵子尚未排出，等卵子排出，精子已死亡（精子在母猪生殖道内一般能保持10～20小时的受精能力），达不到受胎的目的。如配种过迟，卵子排出很久，精子才进去，这时卵子已经衰老而失去受精能力（卵子在生殖道内能保持受精能力的时间是8～10小时），也同样达不到受胎的目的。发情期短的母猪甚至还会拒绝交配。因此，饲养员必须时刻注意母猪的一举一动，及时找出发情母猪，并适时配种。

配种适宜时间的确定，应从年龄、品种、发情开始时间、发情症状综合判定。如地方猪品种发情时间较长（3～5天），可在发情后第2～3天，也即发情中期或盛期配种；培育品种发情期较短（2～3天），可在发情的第2天早、晚各配1次。杂种母猪多介于中间，可在发情后第2天下午、第3天上午配种。同一品种的老龄母猪，应在发情后当天配种，青年母猪则拖后配种。同时结合观察外观症状，生产上也有的采取观察猪由不安转为安定不动、呆立时配种第1次，间隔8～12小时再配1次，效果良好。

72. 输精时的关键技术有哪些？

输精是人工授精的最后一道工序，能否将精液全部有效地输入到母猪子宫里，对受胎率有很大的影响。输精效果取决于技术熟练程度、适用的输精器具和准确地判断输精的适宜时间。

（1）将试情公猪赶到待配母猪栏前，使母猪在输精时与公猪有口鼻接触，要求公猪在走道相对固定，不要走动。输精栏后部不应有横向的水管或固定物，否则，影响按摩刺激的效果。

（2）输精管的插入，一般应该到达子宫颈，让子宫颈紧紧地固定住输精管，会感到输精管被锁定（图3.6）。在该技术环节，应该注意以下细节：可以在输精管的端部，使用少量的润滑剂或少许的精液、稀释液，有利于输精管的顺利导入。在导入输精管时，一般采用逆时针的方法，缓慢导入。插入输精管，一般是在开始阶段，以稍稍向上的角度插入，以避免输精管与膀胱接触，若在实际的操作中发生了此类错误，应更换输精管，因为尿液对精子非常不利。

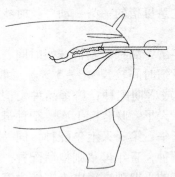 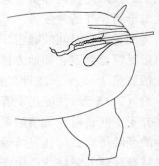

以稍稍往上的方向轻轻插入输精管，并逆时针方向旋动　　继续插入输精管，直到输精管被子宫颈锁定

图3.6　发情母猪输精示意图

（3）人工授精时，应该尽量模拟自然交配的状态，比如配种人员可以反坐在母猪的后躯，或者对母猪的腹部进行适当的刺激，对母猪阴户或肋部进行按摩，肋部的按摩更能增加母猪的性欲。输精人员倒骑在母猪背上，并进行按摩，效果也很理想。

（4）控制输精的时间和速度，正常的输精时间应和自然交配一样，一般为 5~10 分钟，时间太短，不利于精液的吸纳，太长则不利于工作的进行。实际工作中可以通过控制输精瓶高低，或给予输精的精液袋以适当的压力等措施，调节输精时间。

（5）在输精的过程中，少许精液的回流溢出是允许的，但是回流溢出量比较大时，就应该稍微调节一下输精管的位置，若还没有改观，就应该停止输精过程。

（6）输精完成以后，应该以顺时针方向取出输精管，然后让母猪保持安静状态 20~30 分钟，这样有利于精子在母猪体内的运动和受精过程，从而获得较好的配种效果。

73. 如何判断母猪是否怀孕？

判断配种母猪妊娠与否，对养猪生产有特别重要的意义。母猪的妊娠期平均为 114 天。

（1）外部观察法。观察母猪外形的变化，如毛色有光泽，眼睛有神、发亮，阴户下联合的裂缝向上收缩形成一条线，则表示受孕；母猪配种后 18~24 天不再发情，食欲剧增，槽内不剩料，腹部逐渐增大，表示已受孕；母猪配种后 30 天乳头发黑，乳头的附着部位呈黑紫色晕轮表示已受孕。从后侧观察母猪乳头的排列状态时乳头向外开放，乳腺隆起，可作为妊娠的辅助鉴定；妊娠 70 天后能触摸到胎动，80 天后母猪侧卧时即可看到触到母猪腹壁的胎动，腹围显著增大，乳头变粗，乳房隆起则为母猪已受胎。

（2）试验法。取母猪尿 10 毫升左右放入试管内，用相对密度计测定其相对密度（应在1.0~1.025），过浓加水稀释，然后滴入碘酒在煤气灯或酒精灯上加热。尿液将达到沸点时发生颜色变化：尿液由上到下出现红色，即表示受孕；出现淡黄色或褐绿色即表示未孕。

（3）触摸法。经产母猪配种后3~4天，用手轻捏母猪最后第二对乳头，发现有一根较硬的乳管，即表示已受孕；用拇指与食指用力压捏母猪第9胸椎到第12胸椎背中线处，如背中部指压处母猪表现凹陷反应，即表示未受孕。如指压时表现不凹陷反应，甚至稍凸起或不动，则为妊娠。

（4）仪器诊断。用妊娠测定仪测定配种后25~30天的母猪，准确率高达98%~100%。

74. 如何防治母猪假妊娠？

母猪假妊娠是指母猪在发情配种后，没有出现明显返情症状，呈现受孕状态，随着时间的推移，母猪出现一系列类似正常妊娠的症状，妊娠期满，临产时虽有分娩的症状出现，结果却没有产出仔猪的一种综合病症。引起母猪假妊娠的原因主要有几点，一是由于胚胎早期死亡与吸收，而妊娠黄体不消失，致使孕酮继续分泌，好像妊娠仍在继续。二是母猪哺乳带仔时间长，体况瘦弱，掉膘严重，机体营养储备大量消耗，甚至出现哺乳瘫痪，导致机体激素分泌调节功能紊乱，母猪发情周期延缓或停止。三是长期饲喂单一饲料，维生素、微量元素缺乏，特别是维生素E严重缺乏。四是生殖道疾病导致卵巢功能紊乱或体内寄生虫侵袭生殖系统。五是误用、滥用激素类药物催情。

假妊娠综合防治措施有以下几点：

（1）加强饲养管理工作。做好分阶段饲喂工作，防止母猪膘情过肥或过瘦。要尽可能供给青绿饲料，同时注意维生素E的补充，添加亚硒酸钠维生素E粉，或将大麦发芽后，补饲母猪；

做好断奶母猪的"短期优饲"。刚断奶隔离的母猪,应强化断奶后的饲养管理,适量补充蛋白质饲料。每次断奶隔离后,都要进行一次驱虫、防疫。对于膘情差的母猪,要在膘情得到有效恢复后,再进行配种;如果母猪是异常发情,不要急于配种,应采取针对性治疗措施。在自然状态下正常发情后,再进行配种。

(2)及时进行妊娠检查。仔细观察母猪配种后的行为,发现假孕母猪及早采取措施,终止假妊娠。

(3)药物治疗。在母猪分娩后肌内注射青霉素,每天2次,连续3天,预防生殖道疾病;有针对性地选择使用激素类药物催情,最好在自然发情状态下进行配种;治疗持久黄体,可给母猪肌内注射前列腺素1~2毫克,或肌内注射甲基睾丸酮1~2毫克。

75. 提高猪人工授精受胎率的技术措施有哪些?

在养猪生产中应用人工授精技术是提高养猪生产水平的重要技术措施,要提高猪的人工授精受胎率,需注意以下几方面的问题:

(1)精液质量合格。精液的品质是影响受胎率的主要因素之一。要提高精液的品质,除了选择繁殖力高的种公猪、提供全价均衡的营养、合适的采精频率外,还应注意精液的稀释和保存问题。精液稀释浓度不能太低,一般要求原精每毫升含精子数1亿~3.67亿个,稀释后每头份80毫升,有效精子数在20亿~30亿个,精子活力0.7以上。精液稀释后,需采取措施使温度保持在17℃左右,精液在运输过程中要避免强烈震动,以防降低精子活力。精液经稀释或低温保存后,都会随时间的延长而使受精能力降低。因此,稀释后的精液应缩短保存时间,一般不宜超过3天,存取时严防温度的剧烈变化,若温差在1~2℃上波动时就会减少精子的成活率。

(2) 适时输精（详见第71问）。

(3) 严格输精操作规程。输精是人工授精最后一个技术环节，关系到母猪能否获得较高的受胎率。因此，必须按照操作规程进行输精。输精场所应保持安静清洁，严格消毒所有输精器械。输精前精液要进行检查，活力在0.7级以上，有效精子数为20亿~30亿个，才能用于输精。用0.1%高锰酸钾溶液清洗母猪外阴，以免因输精而引起母猪生殖道疾病。在母猪发情24小时内输精，间隔8~12小时后，再输精一次，以提高母猪受胎率和产仔数。输精时不要强行插入，要先在输精管海绵头上抹一些润滑剂起到润滑作用，将输精管沿阴道上壁缓慢插进去，插到不能再插，而且感到被子宫颈口锁住为止，动作要轻，然后把精液输入到子宫内。精液输完后，把输精管向前或左右轻轻转动2分钟，再慢慢拉出输精管，然后用手轻压母猪背腰部片刻，或用手轻重适中地拍打母猪背腰部3~4次，以防精液倒流。

76. 母猪的预产期怎样推算？

母猪从受孕日起至开始分娩为妊娠期，一般在108~123天，平均114天。为了做好母猪分娩的护理准备工作，提高初生仔猪成活率。以下介绍几种常用推算母猪预产期的方法。

(1) "333"推算法。此法是常用的推算方法，从母猪交配受孕的月数和日数加"3个月3周3天"，即3个月为90天，3周为21天，另加3天，正好是114天，即是妊娠母猪的预产大约日期。例如，配种期为1月2日，1月加3个月，2日加3周，再加3天，则母猪分娩日期，即在4月26日前后。

(2) "月减8，日减7"推算法。即从母猪受孕的月份减8，交配受孕日期减7，不分大月、小月、平月，平均每月按30日计算，即是母猪的大约分娩日期。用此法也较简便易记。例如，配种期10月18日，10月减8个月为2月，再把配种日期18日减7

是11日，所以母猪分娩日期大约在2月11日。

（3）"月加4，日减8"推算法。即从母猪受孕后的月份加4，交配受孕日期减8，得出的数，就是母猪的大致预产日期。用这种方法推算月加4，不分大月、小月和平月，但日减8要按大月、小月和平月计算。例如配种日期5月10日，5月加4为9月，10日减8为2，即母猪分娩日期大致在9月2日。

77. 母猪临产前有何征兆？

母猪的妊娠期平均是114天，但因个体差异不同，其产仔时间有的可提前4~6天，有的推迟5~6天。因此，需掌握母猪临产前征兆以便安排接产工作，保母仔平安。随着胎儿的发育成熟，母猪在生理上会发生一系列的变化，如乳房膨大，产道松弛，阴户红肿，行动异常，等等，都是准备分娩的表现。分娩前15~20天，母猪乳房从后向前逐渐膨大，乳房基部与腹部之间呈现出明显的界线；分娩前一周，母猪的乳头呈"八"字形向两侧分开；分娩前4~5天，母猪的乳房显著膨大，两侧乳房外胀明显，呈潮红色发亮，用手挤压乳头有少量稀薄乳汁流出；分娩前3天，母猪起卧行动稳重谨慎，乳头可分泌乳汁，用手触摸乳头有热感；分娩前1天，挤出的乳汁较浓稠，呈黄色，母猪的阴门肿大、松弛，颜色呈紫红色，并有黏液从阴门流出；分娩前6~10小时，母猪表现卧立不安，外阴肿胀变红，衔草做窝；分娩前1~2小时，母猪表现精神极度不安，呼吸迫促，挥尾，流泪，时而来回走动，时而像狗一样坐着，频频排尿，阵痛，阴门中有黏液流出，从乳头中可以挤出较多的乳汁；如母猪躺卧，四肢伸直，阵缩间隔时间越来越短，全身用力努责，阴户流出羊水，则很快就要产出第一头仔猪。

78. 如何让母猪白天产仔？

生产中大部分母猪都是夜间产仔，由于没有护理人员或因接产人员疲劳，夜间产仔的母猪，仔猪压死、窒息死亡等非正常死亡数比白天产仔的母猪明显提高，严重影响饲养母猪的经济效益。如果母猪能在白天产仔，既便于监控管理，又易于提高舍内温度，必将明显提高仔猪成活率。下面推荐两个控制母猪白天产仔的方法。

（1）调整配种时间。以往对发情母猪配种时间安排在发情后的次日上午或下午。为了使母猪在白天产仔，可根据发情母猪排卵规律，将配种授精时间调整到母猪发情的次日早上或第三天早上的8~9时，这样可使90%的母猪在白天产仔。

（2）给临产母猪注射氯前列烯醇。根据母猪的临产征兆，准确推算预产期，在预产期前一天上午8~9时，给母猪颈部肌内注射氯前列烯醇注射液1~2毫升。试验证明，在早晨8时左右注射此制剂，可使90%以上的母猪在次日白天分娩。氯前列烯醇对猪有强烈溶解黄体作用，可使妊娠黄体溶解，血液黄体酮含量下降，能特异性兴奋子宫，舒张宫颈肌肉，使仔猪按预定时间顺利产出，可使产程缩短半小时左右并能促使胎衣、恶露排出和子宫复原。但使用氯前列烯醇诱导分娩要慎重，这个药物也许会对机体造成伤害，所以能不用尽量不用。

79. 接产应注意哪些问题？

母猪接产技术在养猪生产中非常重要，直接关系到养猪者的经济效益。而这一环节，往往被养殖户所忽视，导致母猪产仔成活率低，经济效益下降。因此，母猪养殖户在实际生产过程中，要高度重视接产工作。

（1）分娩前的准备。在母猪分娩前5~7天准备好产房。产

三、高效养猪品种繁育技术

房要求干燥、保温、阳光充足、空气新鲜,产房可利用3%~5%的石炭酸或2%~5%的来苏儿、2%的烧碱水进行消毒,围墙可用20%的生石灰溶液粉刷。要把临产的母猪提前3~5天赶入产房,建立值班制度,专人负责看管。准备好碘酒、剪刀、装仔猪用的箱子,取暖用的炉子或红外灯、电灯、抹布等用具。当母猪出现临产症状时,应做好接生的准备工作。

(2)接产。产前用1%~2%的来苏儿(温开水也可)洗净母猪臀部,把消毒剪刀、碘酒、毛巾、保温箱等物放在顺手的地方,做好接产的准备。仔猪生下后,接产人员立即用毛巾将仔猪口内和鼻端的黏液擦净,再擦拭全身,以利仔猪呼吸,防止受冷感冒。擦净全身后进行断脐,方法是先将脐血往仔猪腹部挤压,然后用消毒剪刀在离仔猪腹部约4厘米处将脐带剪断,再用碘酒擦抹断脐处,然后放入事先备好的保温箱内。如断脐后流血不止,用消毒棉线在脐带断端结扎止血。生出4~5头仔猪后,用1‰的高锰酸钾水洗净母猪乳房,把小猪放在母猪胸前哺乳,这样仔猪既温暖又可吃到奶水,并可加强子宫的阵缩,利于缩短分娩过程。分娩结束后,立即将胎衣、剪下的脐带、沾污的垫草等清除出去,更换新垫草,不让母猪吞食胎衣,避免养成咬吃仔猪的恶习。

(3)难产处理。母猪一般不发生难产,但是如果出现长时间剧烈阵痛,仔猪仍产不出来,这时若母猪出现呼吸困难,心跳加快,就是发生了难产,应实行人工助产。助产方法一般采用注射人工合成催产素法,用量按每50千克体重1毫升,注射后20~30分钟一般可产出仔猪,特殊情况下可配合强心剂使用。甚至采用手术掏出。在进行手术时,应剪磨指甲,用肥皂、来苏儿洗净、消毒手背,涂润滑剂,沿着母猪努责间隙,慢慢伸入产道,伸入时手心朝上,摸到仔猪后随母猪努责慢慢将仔猪拉出,掏出一头仔猪后,如转为正常分娩,就不再继续掏仔。手术后,必须用抗生素或其他消炎药物对母猪进行3次注射,以防感染。

80. 为什么不能让母猪吃掉胎衣?

母猪产仔后身体比较虚弱,非常疲劳、贪睡,消化功能较差,而胎衣不容易消化。这时母猪如果吃了胎衣,不但会发生消化不良,而且还会养成吃小猪的坏习惯。产第一胎的母猪吃了胎衣,更容易养成吃胎衣的习惯,恶性难改。因此,在母猪产仔时,要有专人接产,当母猪生出最后一头小猪时,只要等10~30分钟,就会排出全部胎衣。这时除检查每个胎衣是否完整无缺外,还要清点胎衣数目是不是同生出的小猪头数相同,并且立即把胎衣拿走,不要让母猪吃到。

四、高效养猪饲料调配技术

81. 营养物质在养猪生产中有何作用？

充足全价的营养对猪的生产力提高有着重要作用，在一定范围和时间内，甚至比品种还要重要。

（1）促进和控制猪的生长发育。营养物质是动物机体每一个细胞和组织的构成物质（如骨骼、肌肉、皮肤、结缔组织、牙齿等组织器官），是维持生命和正常生产过程中不可缺少的物质。猪的生产性能的发挥除了与品种有关外，很大程度决定于营养水平的高低。现代科技的发展，使人们利用营养手段，可以控制猪的生长发育方向，不同增重成分，获得不同能量转化效率，而且可以使其在一定范围内，在外形、体质和内脏器官方面按照人的要求发生变化。

（2）维持猪只的健康。营养对猪的健康有着重要的影响，猪的疾病大多是由于饲养不良所引起，少数才是因为传染病或其他原因。维生素、矿物质以及某些氨基酸、脂肪酸等，在动物机体内起着不可缺少的调节作用。如果缺乏，动物机体正常生理活动将出现紊乱，甚至死亡。如猪软骨病、骨疏松症、产后瘫痪均是因为缺乏钙、磷、维生素 D 或钙、磷比例不当所引起；乳猪营养性贫血，是因缺铁所引起；猪的白肌病、大面积肝坏死、桑葚心病是由于缺硒及维生素 E 所引起。

(3) 提高猪只的生产性能。营养对猪生产性能的提高起了重要作用。随着营养学研究的深入开展，应用氨基酸能有效地节省蛋白质饲料，降低饲养成本。广泛使用合成氨基酸、维生素、矿物质元素和非营养性添加剂，加上应用电子计算机技术，能够使猪粮中的几十个营养指标达到平衡，使猪的增重速度、猪肉品质和生产效率大幅提高。另外，公猪的配种能力、精液的数量和品质，母猪的发情、排卵、妊娠和哺乳等均与营养密切相关。

82. 猪的消化生理有哪些特点？

要养好猪，使猪多产仔，长得快，瘦肉多，饲料报酬高，从而取得最佳经济效益，只有在了解猪的消化生理的基础上做到科学饲养，才能达到目的。

(1) 猪是杂食动物，能广泛地利用各种动植物和矿物质饲料，且利用能力较强，甚至对各种农副产品、鸡粪等都能利用。饲料的转化率仅次于家禽，而高于牛、羊。猪舌表面上有形态不规则的舌乳头，大部分的舌乳头有味蕾，因此猪采食时有选择性，能辨别口味，喜爱酸甜食物。

(2) 猪是单胃动物，具有发达的消化系统。猪的唾液腺发达，能分泌大量含有淀粉酶的唾液，能将少量淀粉转化为可溶性的糖。胃的容积为 7～8 升，有消化腺，能分泌含有消化酶与盐酸的胃液，分解蛋白质和少量脂肪。小肠约为体长的 15 倍，内有肠液分泌，能很好地消化吸收饲料中的营养物质。猪对精饲料中有机物的消化率为 76.7%，青草中有机质的消化率为 44.6%。

(3) 采食量大，但对粗纤维消化率低。猪的消化道特点，使猪能够采食各种饲料来满足生长发育的营养需要，且采食量大，很少过饱，消化快，养分吸收多，但应注意，猪对含纤维素多、体积较大的粗饲料利用能力差，这是因猪胃内没有分解粗纤维的微生物，只有大肠内少量微生物可以分解消化，对含粗纤维多的饲料利用率差（为3%~25%），且日粮中粗纤维含量越高，消化率也就越低。

83. 能量饲料对猪生产性能提高有什么作用？

能量主要来源于饲料中的淀粉、糖类和脂肪，粗纤维也能提供少量能量，猪采食后将食物转化为能量以满足维持和生长的需要。淀粉、糖类和脂肪容易消化吸收，产热量高，而粗纤维较难被消化，提供的能量少，但具有使动物产生饱感和促进肠道蠕动的作用。当饲料中能量不能满足需要时会降低蛋白质的利用率，猪体消瘦，影响正常的生长和繁殖。但鉴于蛋白质在体内的特殊重要作用，在猪的饲料中一般不把它作为能量物质来利用。在猪的生长过程中，当能量饲料过剩时，猪体把过多的碳水化合物转化为脂肪储存在体内；相反，如果能量饲料供应不足时，猪体内储备的脂肪、甚至体蛋白都被用来作为能量供应，以维持其正常的生长发育。能量水平长期不足不仅会推迟后备母猪的初情期，而且还会导致成年母畜产后乏情或产后乏情期延长，使母猪的平均产仔间隔延长，繁殖率降低。

84. 蛋白质饲料对猪生产性能提高有什么作用？

蛋白质分子是所有生命过程的基础，蛋白质是由氨基酸组成的一类化合物，必需氨基酸含量及其利用率决定其营养价值。蛋白质是构成猪体组织、体细胞的基本成分，猪日粮中缺乏蛋白质，就会影响猪的健康、生长发育和繁殖性能，降低生产性能和产品品质；仔猪则因血红蛋白减少而发生贫血症，抗病力下降，生长发育减慢；公猪性欲减退，精子畸形和活力不足，影响配种繁殖，使受胎率与产仔数下降；母猪发情不正常，排卵数减少，受精卵与胚胎早期死亡，发生死胎、流产及产后泌乳力弱等。如果日粮中蛋白质过多也会使猪的肝、肾负担过重而受到损伤，并造成公猪不育。

虽然蛋白质是猪生长发育不可缺少的营养成分,但并不是饲料中蛋白质含量越高越好,蛋白质含量与能量等营养成分平衡才能发挥其应有的作用。片面提高饲料中蛋白质含量,而不注重能量和氨基酸的合理搭配,多余的蛋白质会首先转化为能量造成浪费;多余蛋白质代谢会使猪的体热增高,猪舍中氨气含量升高,给猪的生长造成不良影响。

85. 养猪生产中常用的能量饲料有哪些?

能量饲料是指粗纤维含量在18%以下,每千克干物质消化能在10.450千焦以上,富含碳水化合物的饲料。这类饲料营养丰富,适口性好,消化率高。常见的能量饲料有下列几种。

(1) 玉米。玉米是我国种植面积最大的粮食作物之一,除食用和用作工业原料外,也是猪配合饲料的主要原料,使用量一般都在50%以上。猪对玉米的消化率约为95%。玉米含能量高,粗纤维含量低,粗蛋白质含量低且品质较差,缺乏赖氨酸、蛋氨酸和色氨酸;含钙低,含磷高,但有50%左右磷属植酸磷,猪几乎不能利用。除黄玉米外,其他颜色的玉米含胡萝卜素极少,缺乏维生素A、维生素D。单独使用时,肥育猪会出现软脂现象,影响肉的品质,这主要是因为玉米脂肪大部分由不饱和脂肪酸组成,所以应与蛋白质饲料及体积较大的饲料(如糠麸等)混合使用。近年来培育的高赖氨酸玉米,蛋白质含量高出普通玉米20%~50%,用这种玉米喂猪,猪的生长速度和饲料利用率都有提高。

(2) 小麦。小麦富含淀粉、蛋白质、脂肪、矿物质、钙、铁、硫胺素、核黄素、烟酸及维生素A等。但由于小麦与玉米营养成分的差异和抗营养因子等诸多问题的存在,使用小麦大量替代玉米后的应用效果难以达到原玉米饲粮的标准。经过十多年技术研究发展,各种以提高小麦饲用价值为目的的添加剂和制粒工艺取得很大的发展。小麦替代玉米的应用已经基本成熟,替代配方日臻完善,替代后日粮营养水平已经完全可以满足需求。现在使用小麦替代玉米的日粮,不仅不会对畜禽的生产性能造成负面影响,而且能降低饲料成本、提高养殖效益。

(3)大麦。大麦是猪的优良饲料。用大麦喂猪可以使肥育猪的肉质细而紧密,脂肪白而坚硬,猪生长快,胴体品质好。因大麦壳质地坚硬,粗纤维含量较高,无氮浸出物及脂肪含量低,故大麦的能量浓度比玉米低。大麦含蛋白质较高,约为12%,品质较好,赖氨酸含量比玉米高1倍以上,维生素与玉米近似,是喂猪的理想饲料。

(4)麦麸。麦麸是猪的常用饲料,其营养价值和消化率变化幅度较大。小麦加工过程中出粉率越高,麦麸中粗纤维含量就越高,消化率和营养价值则随之降低。麦麸含B族维生素丰富,质地疏松,适口性好,既能增加饲料的体积,调整营养浓度,又具有轻泻作用,对防止母猪产后便秘和仔猪便秘、调养消化道有良好的作用。麦麸突出的缺点是钙、磷比例极不平衡,即富含磷而钙不足,调配饲料时应注意。

(5)米糠。产稻区常用米糠喂猪,由于加工要求不同,米糠的营养价值变化较大。加工出的大米白而精,米糠的能量浓度和营养价值就高,反之则低。搭配比例为15%左右。缺点是钙、磷比例不平衡,约为1∶20。另外,米糠富含不饱和脂肪酸,易酸败,故储存时间不能太长,且应添加抗氧化剂,以防氧化酸败。

(6)糟渣。糟渣是酿酒、制糖、食品加工的副产品。常用来喂猪的有酒糟、啤酒糟、豆腐渣、粉渣、甜菜渣等几种。它们共有的特点,一是含水量大,为70%~90%;二是干物质中粗纤维含量高,而且变化幅度大,为10%~18%,所以有人把这类饲料列为粗饲料;三是能量水平较低;四是粗蛋白质含量较高,为干物质的20%~30%;五是体积大,质地松软,对猪的胃肠有填充作用,使猪有饱腹感,促进胃肠运动和消化;六是不易储存,易发酵、发霉或腐败。这类饲料可部分用于饲喂母猪,对种公猪和瘦肉型育肥猪少用,最好不用。

86. 养猪生产中常用的蛋白质饲料有哪些?

常用的蛋白质饲料主要有植物性蛋白质饲料和动物性蛋白质饲料两大类。

(1) 植物性蛋白质饲料。植物性蛋白质饲料是提供猪蛋白质营养最多的饲料,主要有豆科子实和饼粕类。

①大豆:大豆含有丰富的蛋白质(35%左右),与玉米相比,赖氨酸高10倍,蛋氨酸高2倍,胱氨酸高3.5倍,色氨酸高4倍。但大豆含有胰蛋白酶抑制物,进入猪体内抑制胰蛋白酶的活性,从而降低饲料的转化率,所以用大豆喂猪时,一定要将其煮熟或炒熟后饲喂。

②豆饼:豆饼蛋白质含量高,平均达43%,且赖氨酸、蛋氨酸、色氨酸、胱氨酸比大豆高15%以上,是目前使用最广泛、饲用价值最高的植物性蛋白质饲料。其缺点是蛋氨酸偏低,含胡萝卜素、硫胺素和核黄素较低。在配制日粮时,添加少量动物性蛋白质饲料,如鱼粉,即可达到蛋白质的互补作用。但在生榨豆饼中同样含有抗胰蛋白酶、血细胞凝集素、甲状腺肿诱发因子等有害物质,使用时一定要加热处理,破坏这些不良因子,以提高蛋白质利用率。豆饼的饲喂量一般占日粮的10%~20%为宜。

③花生饼:花生饼、粕的营养价值较高,粗蛋白质含量可达48%以上。精氨酸含量高达5.2%,是所有动、植物饲料中最高的。维生素及矿物质含量与其他饼、粕类饲料相近似。大部分氨基酸基本平衡,适口性好,无毒性。但脂肪含量高,不易储存,

易产生黄曲霉毒素，限制了其在猪饲料中的使用量，一般多与豆饼合并使用。

④棉籽饼：棉籽饼含蛋白质32%~37%，精氨酸含量高达3.6%~3.8%，而赖氨酸含量仅有1.3%~1.5%，只有大豆饼、粕的一半。蛋氨酸也不足，约0.4%。但由于游离棉酚的存在，喂猪后易发生累积性中毒，加之粗纤维含量高，因而在猪饲料中要限制使用。不去毒处理时，饲料中含量以不超过5%为宜。

⑤菜籽饼：含有较高的蛋白质，氨基酸组成较平衡，精氨酸、赖氨酸含量较低，粗纤维含量较高，含钙也较高，磷高于钙，且大部分是植酸磷，含铁较丰富。其粗蛋白的含量为31.5%，可消化蛋白质25.6%，还含有氨基酸和锰、锌、铜等微量元素。由于含有毒物质（芥子苷），喂前宜采取脱毒措施，未经脱毒处理的菜籽饼要严格控制喂量，在饲料中一般不宜超过5%~7%，妊娠后期母猪和泌乳母猪不宜饲用。

（2）动物性蛋白质饲料。此类饲料资源十分有限，主要来源于屠宰厂、水产品加工厂和皮革厂的下脚料、鱼粉及蚕蛹等。

①鱼粉：是由鱼类或鱼类食品加工后剩下的下脚料加工制成的。鱼粉被称为最好的蛋白质补充饲料，含蛋白质50%~60%，优质者可高达70%以上。而且含有各种必需氨基酸，特别是蛋氨酸和赖氨酸含量很丰富，蛋白质的生物学价值很高，富含B族维生素，尤以维生素B_{12}、维生素B_2含量高，还含有维生素A、维生素D和维生素E等脂溶性维生素。含钙、磷、钠、铁、铜等矿物质也很多。使用鱼粉，可提高猪只的生产水平。但因价格较高，用量一般占日粮的3%~8%，最多不超过10%，用量过多，畜产品有鱼腥味。鱼粉由于吸水性强，容易腐败变质，应在通风干燥的地方保存。另外，国产鱼粉质量不稳定，更易腐败变质。有些鱼粉含盐量很高，应用时注意防止鱼粉造成的食盐中毒。

②肉骨粉和肉粉：肉骨粉是由不适于食用的动物躯体、骨头、胚胎、内脏及其他废弃物制成的，也可用非传染病死亡的动物胴体制作。死因不明的动物躯体经高温高压处理后也可用于制作肉骨粉。屠宰场、罐头厂及其他肉类加工厂产生的不能供人食用的动物内脏、肉屑等残渣，经过切碎、煮沸、压榨，分离出脂肪，残余物质经干燥粉碎后就是肉粉。蛋白质含量在45%～60%，赖氨酸含量高，蛋氨酸和色氨酸含量低于鱼粉，色氨酸含量低于豆饼、棉籽饼等植物性饼粕饲料。应用时要注意和蛋氨酸、色氨酸含量高的饲料搭配。脂肪含量在8%～10%，矿物质含量在10%～25%，钙、磷比例恰当，富含维生素，且价格不高，是较好的蛋白质补充料。由于肉骨粉生产原料不同，其营养价值相差很大，如果肉骨粉中含有较多的软骨、结缔组织、皮毛粉和肠内容物等，营养价值就会大大降低，购买时要注意。

③血粉：血粉是一种非常规动物源性饲料，将家畜或家禽的血液凝成块后经高温蒸煮，压除汁液、晾晒、烘干后粉碎而成，因有较高的细菌含量，国内的血粉原料未经杀菌加工不可直接用于饲料的加工和混合。血粉含蛋白质在80%以上。含赖氨酸特别丰富，精氨酸、蛋氨酸、胱氨酸等也较多，B族维生素较丰富，但维生素A和维生素D缺乏，含钙、磷较少，缺乏异亮氨酸。适口性差，不易消化，营养价值低于肉粉，血粉经适当加工可大幅度提高营养价值。高温干燥影响血粉的利用率，特别是赖氨酸的利用率下降很多。低温、高压、喷雾生产的血粉，由于水分蒸发迅速，未经过高温的破坏作用，赖氨酸利用率较高。发酵血粉用微生物发酵处理再经低温短时间干燥而制成，可分解原血粉中某些氨基酸。如要成倍地增加畜禽所必需的某些氨基酸，有较好的效果。血粉用量一般控制在日粮的3%～6%。

④蚕蛹：是蚕吐丝结茧后留下的蚕蛹经加工而制成的，蛋白质含量在60%左右，赖氨酸、蛋氨酸和色氨酸较多，饲喂效果

四、高效养猪饲料调配技术

很好。可占日粮的5%~10%。蚕蛹含精氨酸不多,和其他饲料配合时需注意。蚕蛹干粉有两种:一种是未脱脂的全脂干粉,脂肪含量高达22%以上,不能久放,容易腐败变质,影响畜产品品质;另一种是榨油脱脂后压成饼或磨成粉,既耐贮藏,品质又好。

⑤羽毛粉:家禽屠宰后得到的羽毛,经高压蒸煮水解后,干燥粉碎而制成。蛋白质高达80%以上,代谢能10.04兆焦/千克。钙、磷含量较少,分别为0.3%和0.5%。含硫量达15%,是所有饲料中最高的。羽毛粉含维生素很少。其氨基酸组成的特点是:甘氨酸、丝氨酸含量高,达6.3%和9.3%;异亮氨酸达5.3%,可与异亮氨酸含量不足的饲料如血粉等配合;胱氨酸含量也很高,达4%,但赖氨酸和蛋氨酸含量很低,仅相当于鱼粉的25%和35%左右。另外,羽毛粉的消化率不高,仅为30%左右,特别是未经水解的,消化率更低。羽毛粉一般添加量以2%~5%为宜。

⑥蚯蚓:蚯蚓含干物质20%,干物质中蛋白质占60%以上,且赖氨酸含量丰富。蚯蚓人工方法简单,饵料来源广,繁殖快,饲养效果好。

⑦虾粉:由海虾的头、尾、壳等制成,含蛋白质43%~47%,氨基酸含量与鱼粉差异不大,钙比鱼粉含量高,价格较鱼粉略低。

除以上两大类外,还有一些蛋白质含量较高的豆科牧草,单细胞蛋白质饲料,也是较好的蛋白质补充饲料。特别是豆科牧草,既能提供蛋白质,又能起到青饲料的作用,对母猪尤为重要。

87. 养猪生产中常用的维生素有哪些?

维生素既是维持动物生命活动所必需的有机类营养物质,也是保持动物健康的重要活性物质，多数是辅酶的组成成分，这些酶参与糖、脂肪和蛋白质代谢，维生素缺乏会影响辅酶的合成，导致代谢紊乱，动物出现各种病症，因此维生素的作用是不可忽视的。

按照溶解性可将维生素分为脂溶性和水溶性两大类。脂溶性维生素包括维生素 A、维生素 D、维生素 E、维生素 K，摄入过量的脂溶性维生素（特别是维生素 A 和维生素 D）可引起中毒，给代谢和生长带来障碍。水溶性维生素包括整个 B 族维生素和维生素 C。水溶性维生素除含碳、氢、氧等元素外，多数都含有氮，有的还含硫或钴。B 族维生素主要作为辅酶，催化碳水化合物、脂肪和蛋白质代谢中的各种反应。在猪的生长发育过程中，较重要的是维生素 A、维生素 D、维生素 E 和 B 族维生素中的几种，因为它们在猪体内不能自行合成，需要靠饲料供应。一般脂溶性维生素能够在体内适量储存，因此不会发生急性缺乏，而 B 族维生素不易在体内大量积蓄，所以常易发生缺乏症。多数情况下，维生素缺乏症无特异性，食欲下降和生长受阻是共同的症状。了解各主要维生素的特性和功能，对指导临床使用具有重要意义。

88. 养猪生产中添加酶制剂有什么作用？

酶是生物催化剂，动物体内绝大多数化学反应都是在酶的催化作用下进行的。营养物质的消化、吸收和代谢过程与酶的作用密切相关。酶具有专一性、高效性和特异性等特点。目前，已发现的酶种类有 1 000 多种，生产用酶已达 300 多种，在饲料工业中广泛应用的已有 20 多种。通过生物工程方法产生具有活性的酶产品，称为酶制剂。酶制剂饲料添加剂主要有：淀粉酶、蛋白酶、纤维素酶、β-葡聚糖酶、果胶酶、复合酶、植酸酶。

酶制剂饲料添加剂的主要作用有以下几个方面：

(1) 促进营养物质的消化吸收。具有活性的多种酶,能有效将饲料中一些大分子多聚体分解和消化成动物容易吸收的营养物质或分解成为小片段营养物质,供其他消化酶进一步消化。一些大分子物质,动物本身难以分解和吸收,因而添加酶制剂可促进饲料中营养物质的分解和消化,从而提高饲料利用率。

(2) 消除日粮中的抗营养因子。植物性饲料原料中常存在一些非淀粉多糖、果胶、纤维素聚合物,这些物质使动物消化道中内容物和黏度增加,影响动物对有效营养成分的消化吸收。酶制剂中多种酶特别是β-葡聚糖酶和果胶酶、纤维素酶能将这些物质分解为小分子物质,从而降低了消化道中营养物质的黏度,有效消除这些抗营养因子的不良影响,改善动物的消化性能。

(3) 激活内源酶的分泌。酶制剂的使用,能提供更多可供多种酶分解的基质,从而刺激动物体内多种消化酶更多的分泌,提高了消化酶的有效浓度,加速营养物质的消化和吸收,从而提高饲料利用率和加速动物的新陈代谢,促进动物生长。

(4) 提高植酸磷的利用率。配合饲料多以植物性原料为主,在饲料中应用植酸酶添加剂,可利用30%以上的植酸磷,从而减少或替代无机磷酸盐的用量,有一定的经济效益。由于可减少1%~2%无机磷酸盐的用量,扩大了配方空间,便于灵活设计饲料配方,有利于提高饲料的营养水平,改善饲料配方质量。单胃动物大多数不能利用植酸磷,多数植酸磷从粪便中排出,造成一定的环境污染,使用植酸酶,能有效地提高植酸磷的利用率,减少植酸磷的排放,保护生态环境。

89. 猪饲料中使用的主要原料有哪些?

(1) 能量类:玉米、小麦、大麦、碎米、次粉、麸皮、油。

在谷物类原料中,玉米的能值最高,但蛋白质低,氨基酸的组成不好。麦类及其副产品的蛋白质要高一些,但其粗纤维要比玉米高,因此能值要低一些。油作为一种原料使用时,它既可供能,也可提供必需的脂肪酸。油代谢能值高,但价格较高,一般养殖户都不在饲料中加油。但如果玉米的添加量低于50%时,则要考虑加油以提供亚油酸等必需脂肪酸。否则,猪会因为缺乏必需脂肪酸而导致生产性能下降。

(2)蛋白质类:鱼粉、豆粕、花生粕、棉粕、菜粕、酵母粉、肉骨粉。

一般将粗蛋白含量大于30%的原料归为蛋白类原料。鱼粉是动物性高蛋白质饲料原料,在猪的日粮中特别是乳猪料中被广泛使用。鱼粉中的氨基酸平衡良好,对促进动物生长有明显的作用。但由于其价格昂贵而使其使用范围和用量受限。养殖户往往把浓缩料中鱼粉含量的高低作为判断饲料质量优劣的依据,这不无一定的道理。

豆粕富含赖氨酸,但蛋氨酸不足,花生粕中的赖氨酸含量低于豆粕。如果养殖户要用部分花生粕取代豆粕喂猪,则要考虑补充赖氨酸。生长猪花生粕的用量最好控制在5%以内,肥育猪不要超过10%。棉粕和菜粕因含有一些有毒物质而在用量上要加以控制。

酵母除含有丰富的蛋白质外,B族维生素的含量也很高。酵母中的赖氨酸含量较高,但蛋氨酸不足。由于适口性不佳等方面的原因,日粮中的含量最好不要超过2%。

目前,养殖户使用肉骨粉的情况还不多,但当鱼粉价格昂贵时,饲料厂可考虑使用部分进口肉骨粉。进口美国肉骨粉的粗蛋白在50%左右,由于每批肉骨粉在成分上有差异,因此质量难以稳定,同时要特别注意肉骨粉中脂肪的氧化情况,一旦发现异味,应停止使用,日粮中的比例控制在2%左右,乳猪料中建议不要使用。

(3)矿物质类:磷酸氢钙、碳酸钙、食盐、硫酸铜、硫酸

四、高效养猪饲料调配技术

亚铁、硫酸锰、碘化钾、氧化锌、亚硒酸钠、氯化钴等。

动物体内存在常量和微量元素两大类。常量元素占动物体内干物质重 0.01% 以上。这些元素普遍存在于生物的正常组织，有些是骨骼的成分，如钙、磷，有些是体内代谢中酶的成分，如铜、铁、锌等。饲料中常量和微量元素的缺乏，会导致动物生理代谢和结构的异常。养殖户或饲料厂在使用这些原料时，要注意其重金属的含量，特别是铅、汞、砷等有毒金属的含量。

（4）维生素类：维生素 A、维生素 D、维生素 E、维生素 K、B 族维生素、生物素、氯化胆碱等。

维生素不是动物体内的结构物质，它在动物代谢过程中作为某些酶类和激素的组成成分，对营养物质的代谢起催化作用。

（5）营养性和非营养性添加剂：合成赖氨酸、蛋氨酸、苏氨酸、色氨酸、药物、驱虫剂、防霉剂、抗氧化剂、调味诱食剂、酶制剂、黏结剂等。

90. 猪常用的饲料添加剂有哪些类型？

饲料添加剂分营养性饲料添加剂和非营养性饲料添加剂两大类。

（1）营养性饲料添加剂：主要有维生素添加剂、微量元素添加剂和氨基酸添加剂。

①维生素添加剂：猪对维生素需要量很小，但其作用极为重要，主要是维持机体的正常代谢。其中维生素 A 主要调节碳水化合物、蛋白质和脂肪的代谢，具有保护皮肤和黏膜等作用；维生素 D 主要调节钙、磷代谢；维生素 E 能促进性腺发育和生殖功能；维生素 K 可促进凝血酶原的形成，具有止血等作用；维生素 B_2 可提高植物性蛋白利用率；维生素 C 能增加对疾病感染的抵抗力，降低机体的应激反应；胆碱有防治脂肪肝的作用。

②微量元素添加剂：猪需要的微量元素主要有铜、锌、铁、

锰、碘、钴、钼、硒、铬等元素。这些元素具有调节机体新陈代谢，促进生长发育，改善胴体品质，增强抗病能力和提高饲料转化率等综合功能。

③氨基酸添加剂：氨基酸是猪体合成蛋白质的主要成分。猪必需的氨基酸有赖氨酸、蛋氨酸、色氨酸和苏氨酸等10余种。添加氨基酸主要作用是弥补饲料中氨基酸的不足，使其他氨基酸得到充分利用，从而节约大量的豆饼（粕）和鱼粉等优质蛋白质饲料，降低饲养成本。

（2）非营养性饲料添加剂：主要有保健助长添加剂、饲料品质保护添加剂和产品品质改良添加剂等。

①保健助长添加剂：该类添加剂可抑制病原微生物的繁殖，改善猪体内的某些生理过程，提高饲料利用率，促进猪的生长，增加养猪的经济效益。主要包括抗生素类添加剂和各种生长促进剂。

②饲料品质保护添加剂：由于饲料中某些成分暴露在空气中易被氧化或在气温高、湿度大的环境中易于变质，通常在饲料中添加抗氧化剂、防霉防腐剂，可有效地保护饲料品质。目前经常使用的抗氧化剂主要有乙氧基喹啉、二丁基羟基甲苯、维生素C、维生素E等。防霉防腐剂主要有丙酸、丙酸钠和柠檬酸、柠檬酸钠等。

③新型饲料添加剂：酶制剂无毒、无残留、无副作用，是优秀的新型促生长类饲料添加剂，常用的主要有淀粉酶、蛋白酶、脂肪酶、纤维素酶、植酸酶等；微生态制剂是生物技术促生长类添加剂，常用的主要有乳酸杆菌属、链球菌属、双歧杆菌属和酵母菌等；中草药以其独特的抗寄生虫的作用机制，不产生抗药性和耐药性，并可长期添加使用，如甘草、黄芪、大蒜、山楂等；有机酸类有延胡索酸、柠檬酸、乳酸、甲酸等；近年来发现和研制成功的新型饲料添加剂还有甜菜碱、氟石、麦饭石、稀土和未

四、高效养猪饲料调配技术

知因子等。

91. 如何正确使用饲料添加剂？

饲料添加剂能改善肉质，使肉色鲜红，增加肉的嫩度和可口性，延长肉品货架时间；增强机体免疫能力，提高猪抗应激能力，提高生长速度；有效地平衡配合饲料中的各种营养素，提高饲料利用率。但是这也需要在正确使用饲料添加剂的情况下才能合理发挥，那么如何正确使用饲料添加剂呢？首先，要合理选择饲料添加剂，饲料添加剂的种类繁多，各有用途，如促生长添加剂适用于幼龄畜禽，药物添加剂用于所处卫生条件较差的猪群。应根据饲养目的、饲养条件以及畜禽营养状况、生理状态、年龄、体重等情况，有目的、有针对性地选用，切不可滥用。其次，要正确使用，严格按照各类添加剂的使用说明，对适用对象、剂量和注意事项等严格控制。添加剂只可混于干粉料中短时间存放，不能混于加水储存料或发酵饲料中，更不能和饲料一起加热煮沸。使用时要与饲料混匀。再次，要随购随用，饲料添加剂不宜长期保存（保存期一般不超过 6 个月），尤其是维生素制剂，其稳定性较差，应随购随用，不可积压。同时还要防止混用，注意矿物质添加剂不能和维生素添加剂配在一起使用，因为矿物质会促进维生素氧化，加速破坏维生素。

92. 猪的日粮中能添加苜蓿草吗？

苜蓿以"牧草之王"著称，因含有大量的粗蛋白质、丰富的维生素 C、维生素 E、B 族维生素和铁等多种微量营养素，在草食家畜养殖中被广泛应用。因其粗纤维含量过高，制约了在猪日粮中的添加利用。近些年，随着养猪业的发展和相关的研究试验，苜蓿在养猪业中也得到利用。据研究，在猪的日粮中添加一定比例的苜蓿草粉，可以提高仔猪的初生重、断奶重，育肥猪的日增重和饲料利用率,改善猪肉品质,节约粮食。据报道,猪的饲料中苜蓿草粉的添加量应控制在20%以下,同时注意苜蓿草粉的品质,萌发期的苜蓿氨基酸的含量高,茎秆比例小的苜蓿营养价值高,饲喂生猪效果好。

93. 养猪生产中为什么要使用配合饲料?

配合饲料就是按猪的营养要求,把各种饲料合理搭配加工成营养完全的饲料。配合饲料的关键是饲料配方,而配合饲料的核心部分是浓缩料,浓缩饲料又称为蛋白质补充饲料,是由蛋白质饲料(鱼粉、豆饼等)、矿物质饲料(骨粉、石粉等)及添加剂预混料配制而成的配合饲料半成品。再掺入一定比例的能量饲料(玉米、麦麸等),就成为满足动物营养需要的全价饲料,具有蛋白质含量高(一般在30%~50%)、营养成分全面、使用方便等特点,能充分发挥生猪生产能力,提高饲料利用率,有利于生猪生长和生产,缩短饲养周期,降低饲养成本,提高经济效益。

94. 配合饲料的种类有哪些?

配合饲料是根据猪的饲养标准,将多种饲料按一定比例和规定的加工工艺配制成的均匀一致、营养价值全面的饲料产品。按照营养构成、饲料形态、饲喂对象等可以分成很多种类。

(1)按照营养构成分类,这是配合饲料产品的基本类型。

①添加剂预混料:是指用一种或几种添加剂(如微量元素、维生素、氨基酸、抗生素等)加上一定数量的载体或稀释剂,经充分混合而成的均匀混合物。根据构成预混料的原料类别或种类,又分为微量元素预混料、维生素预混料和复合添加剂预混料。预混料既可供养猪生产者用来配制猪的饲粮,又可供饲料厂生产浓缩饲料和全价配合饲料。市售的添加剂预混料多为复合添加剂预混料,一般添加量为全价日粮的0.25%~3%,具体用量

应根据实际需要或产品说明书确定。

②浓缩饲料：是由添加剂预混料、常量矿物质饲料和蛋白质饲料按一定比例混合而成的饲料。养猪场或养猪专业户用浓缩料加入一定比例的能量饲料（玉米、麸皮等），即可配制成直接喂猪的全价配合饲料。浓缩饲料一般占全价配合饲料的20%~30%。

③全价配合饲料：浓缩饲料加上一定比例的能量饲料，即可配制成全价配合饲料。它含有猪需要的各种养分，不需要添加任何饲料或添加剂，可直接喂猪。

（2）按饲料形状分为粉料、湿拌料、颗粒料、膨化料等。

（3）按饲喂对象可将饲料分成乳猪料、断乳仔猪料、生长猪料、肥育猪料、妊娠母猪料、泌乳母猪料、公猪料等。

95. 饲料配方设计应遵循哪些原则？

只有科学地设计配方，才能达到饲喂效果好、饲料成本低的效果。所以，在设计配合饲料的配方时，应掌握以下几条原则。

（1）满足营养需要，保证营养平衡。猪需要从饲料中得到热能、蛋白质、矿物质、维生素等养分，饲料中必须含有充足的营养成分。在设计配合饲料时，一般把营养成分作为优先条件考虑，饲料配方的营养性，表现在平衡各种营养物质之间错综复杂的关系，调整各种饲料之间的配比关系。饲料实际利用效率及发挥动物最大生产潜力是必须考虑的方面。设计饲料配方的营养水平，必须以饲养标准为基础。在应用饲养标准时，应对饲养标准进行研究，不能把它作为一成不变的绝对标准，要根据畜禽生产性能、饲养技术水平与设备、饲养环境条件、产品效益等及时调整。在营养需要中优先满足能量需要的基础上，才能考虑蛋白质、氨基酸、矿物质和维生素等养分的需要。能量与其他养分之间和各种养分之间的比例应符合营养需要，如果饲料中营养物质之间的比例失调，营养不平衡，必然导致不良后果。

（2）科学性。设计饲料配方应熟悉所在地区的饲料资源现状，根据当地饲料资源的品种、数量以及各种饲料的理化特性和饲用价值，尽量做到全年比较均衡地使用各种饲料原料。应选用新鲜无毒、无霉变、质地良好的饲料。黄曲霉和重金属砷、汞等有毒有害物质不能超过规定含量。含毒素的饲料应在脱毒后使用，或控制一定的喂量。应注意饲料的体积，尽量和动物的消化生理特点相适应。通常情况下，若饲料的体积过大，则能量浓度降低，不仅会导致消化道负担过重，进而影响动物对饲料的消化，而且会稀释养分，使养分浓度不足。反之，饲料的体积过小，即使能满足养分的需要，但动物达不到饱腹感而处于不安状态，影响动物的生产性能或饲料利用效率。

（3）安全性。按配方设计出的产品应严格符合国家法律法规及条例，尤其违禁药物及对动物和人体有害物质的使用或含量应强制性遵照国家规定。选用饲料时，必须安全当先，慎重从事。这种安全有两层基本含义：一是这种配合饲料对动物本身是安全的；二是这种配合饲料产品对人体必须是安全的。做安全性评价必须包括"三致"，即致畸、致癌和致突变。因发霉、污染和含毒素等而失去饲喂品质的大宗饲料及其他不符合规定的原料不能使用。设计饲料配方时，某些添加剂（如抗生素）的用量和使用期限（停药期）要符合安全法规。配方设计要综合考虑产品对环境生态和其他生物的影响，尽量提高营养物的利用效率，减少动物废弃物中氮、磷、药物及其他物质对人类、生态系统的不利影响。

（4）适口性。提高饲粮采食量对于充分发挥猪的生产性能至关重要，对于哺乳仔猪和哺乳母猪显得尤为重要，所以良好适口性是配制饲料时应充分考虑的问题。除保证饲料原料的新鲜外，对于乳仔猪饲粮，可加入调味剂和香味剂。

（5）经济性。营养最好的配方不一定是最经济的配方。制作的全价配合饲料,都应考虑经济性。饲料原料的成本在饲料畜牧业生产中均占很大比重(约70%),在追求高质量的同时,往往会付出成本上的代价。喂给高效饲料时,得考虑生猪的生产成本是否为最低或收益是否为最大。适宜的配合饲料能量水平,是获得单位畜产品最低饲料成本的关键。原料应因地因时制宜,充分利用当地的饲料资源,降低成本。设计饲料配方时应尽量选用营养价值较高而价格低廉的饲料。可利用几种价格便宜的原料进行合理搭配,以代替价格高的原料。生产实践中常用禾本科子实与饼类饲料搭配,以及饼类饲料与动物性蛋白质饲料搭配等,均能收到较好的效果。

(6)逐级预混原则。为了提高微量养分在全价饲料中的均匀度,凡是在成品中的用量少于1%的原料,首先要进行预混合处理。如预混料中的硒,就必须先预混。否则混合不均匀就可能会造成动物生产性能不良,整齐度差,饲料转化率低,甚至造成动物死亡。对于一般的养殖户来说,可以购买预混料。

96. 如何设计饲料配方?

设计饲料配方就是根据动物营养学原理,利用数学方法,求得各种原料的合理配比。制作配方的方法很多,如方形法、试差法、线性规划法及电脑配方等。值得注意的是,一个好的配方并不是通过简单的计算就可以得到的。它通常是动物营养专家根据营养原理和配方经验初拟配方,然后利用计算机进行优选,最后通过饲养试验筛选验证才得到的。

(1)准备相关数据。一是原料的种类:充分考虑利用当地的饲料资源,可以降低成本。二是化验各种原料的营养成分含量和可能存在的有毒有害物质含量,这是制作猪饲料配方的基础。三是营养标准参数,需要与生产成绩、养殖情况结合起来,确定最合适的营养标准。猪的营养标准很多,不同国家、不同地区有自己的营养标准,我国目前常用的有美国 NRC 猪营养标准和我国自己制定的猪营养标准,生产实践中常根据不同情况做出适当的调整。

(2) 设计配方。根据已知的营养标准和各种原料营养含量,合理确定各种原料中的比例,使配方的消化能、粗蛋白、钙、磷、盐、赖氨酸、蛋氨酸刚好达到营养标准而又不过多,降低成本。有一些简单的计算饲料配方的方法,如手算法、对角线法、代数法等,但这些方法考虑的因素少,设计出的并不是价格最低、营养最优的配方。可以应用配方软件技术提高配方设计的科学性和准确性。

97. 饲料配方中较成熟的先进技术有哪些?

(1) 以理想蛋白质模式理论为基础设计配方。理想蛋白质模式理论是对蛋白质中的氨基酸营养价值和动物对氨基酸需要量两方面研究的结果。以理想蛋白质模式为基础,补充合成氨基酸进行日粮配方设计,在不影响猪的生产性能的同时,可节省天然蛋白质饲料资源,减少粪尿中氨的排泄量,减轻集约化畜牧业生产对环境的氨污染问题。据报道,在不影响猪的生产性能的前提下,日粮中添加赖氨酸,可使断奶仔猪(10~20 千克)日粮蛋白质水平从 18% 降低到 16%,再添加色氨酸,可进一步从 16% 下降到 14%。生长猪(20~50 千克)日粮中添加赖氨酸,日粮蛋白质水平从 16% 降到 14%,再加色氨酸,从 14% 下降到 12%;粗蛋白为 10% 的育肥猪日粮中添加赖氨酸和色氨酸后,生长效果与粗蛋白为 13% 的日粮没有差异。

(2) 组合应用非营养性添加剂。众多试验与应用效果证实,益生素、酶制剂、酸化剂、低聚糖、抗生素等饲料添加剂,不仅单独添加对提高饲料利用率、促进动物生产性能的充分发挥有良好的作用,而且它们之间科学组合使用具有加性效果,是目前国

四、高效养猪饲料调配技术

内外提高养殖经济效益的一种有效、经济和简捷的途径。据报道，在28日龄断奶猪基础日粮加0.15%的酸化剂和0.1%的酶制剂，可提高日增重18.61%，饲料利用率提高13.5%，腹泻率降低28.58%，降低料肉比10.9%。

（3）应用小肽的营养理论指导饲料配方。传统的观点一直认为动物采食蛋白质，在消化道内蛋白酶和肽酶的作用下降解为游离氨基酸后才能被动物直接吸收利用。但在许多的试验中，人们发现动物对饲料各种氨基酸的利用程度不完全，受单一限制氨基酸水平的影响，按照蛋白质降解为游离氨基酸的理论使氨基酸纯合日粮或低蛋白平衡氨基酸日粮，动物并不能达到最佳生产性能。随着人们对蛋白质消化吸收及其代谢规律研究的不断深入，人们发现蛋白质降解产生的小肽（二肽、三肽）和游离氨基酸一样也能够被吸收，而且小肽比游离氨基酸具有吸收速度快、耗能低、吸收率高等优势。据报道，在仔猪饲粮中添加富肽制剂，可使饲料转化率提高11.06%，提高仔猪重12.93%，腹泻率降低60%，经济效益提高15.63%。

（4）应用配方软件技术提高配方设计的科学性和准确性。计算机配方软件技术由初等代数上升为高等数学，主要是应用运筹学的各种规划方法，使配方设计由单纯的配合走向配合与筛选结合，能够较全面地考虑营养、成本和效益，克服了手工配方的缺点，为配方调整、经济分析和采购决策提供大量的参考信息，大大提高配方设计效率，实现成本最小化、收益最大化的目标。

五、种猪高效养殖饲养管理技术

98. 如何饲养管理种公猪才能获得高效益?

公猪饲养得好坏,对其后代影响很大。俗话说"公猪好,好一坡"。一头公猪的后代要比一头母猪的后代多得多。因此,种公猪的科学饲养管理是发挥其最佳种用性能的前提和保证。

(1) 种公猪的饲养。种公猪的日粮应营养全面,适口性好,易消化,保持较高的能量和蛋白质水平,有充足的钙、磷,同时满足其维生素 A、维生素 D、维生素 E 及微量元素的需要,这样才能保证种公猪有旺盛的性欲和良好的精液品质。种公猪的日粮要合理搭配,营养均衡,日粮中蛋白质直接影响种公猪精液的数量和品质,公猪日粮中蛋白质含量一定要适量,成年公猪或非配种期公猪饲料中蛋白质应占12%,而配种公猪饲料中蛋白质含量不低于14%。日粮中应保证有适量的微量元素、维生素添加剂,日粮钙、磷比以 1.5:1 为宜,如日粮中缺乏钙、磷易使精液品质降低,影响配种和受胎率。如日粮中缺乏维生素 A、维生素 D、维生素 E 等,种公猪睾丸会逐渐退化萎缩,性欲减退,丧失繁殖能力。因此,建议种公猪的日粮配比为玉米58%、糠麸18%、豆粕12%、种公猪专用预混料12%。每头种公猪每天的饲喂量为非配种期2.5千克,配种期3千克,配种期应补饲适量的胡萝卜或优质青绿饲料,配种或采精后应加喂鸡蛋 2~3 枚。

（2）种公猪的管理。

①运动：合理的运动可增强种公猪的体质，提高种公猪的性欲和精子活力，每天早饲后和傍晚各运动1次，1次运动时间为1小时左右。冬天在中午进行，运动不足会严重影响配种能力。

②饲喂：应定时定量，每日饲喂3千克，日喂2次，让猪自由饮水，并根据猪的品种、体重、配种（采精）次数增减饲料量。

③免疫：严格按照种公猪的免疫程序进行免疫接种，预防种公猪传染病发生，定期消毒，驱除体内外寄生虫，保证种公猪健康。

④环境卫生：应保持猪舍内清洁、干爽及温暖。公猪适宜的环境条件是温度15~22℃，相对湿度60%~75%。天气炎热时，要给公猪洗澡，上、下午各一次，并要经常刷拭，保持体表清洁。公猪阴毛过长时要修剪，以免配种时感染。

⑤分群：种公猪可以采取单圈和小群两种饲养方式。单圈饲养、单独运动的种公猪，可以减少互相爬跨而造成的精液损失，节约饲料。小群饲养的种公猪，必须在有性欲表现前分群，一般1圈2头。

99. 如何合理使用种公猪？

种公猪的配种能力，精液品质的优劣和使用年限的长短，不仅与饲养管理有关，而且取决于公猪的初配年龄和配种强度。

（1）公猪的初配年龄。后备种公猪参加配种的适宜年龄，一般应根据猪的品种、年龄和体重来确定。本地培育品种一般为9~10月龄，体重在100千克左右。国外引进品种一般为10~12月龄，体重在110千克以上。公猪过早参加配种，不仅影响公猪本身的生长发育，而且产仔少，仔猪体弱、生长缓慢，缩短公猪的利用年限。过晚参加配种易使公猪不安，影响正常的发育，易产生恶癖。种公猪一般利用年限为3~4年,2~3岁时正值壮年,为配种最佳时期。

(2) 公猪的采精。种公猪的采精强度应合理,一般根据种公猪的年龄和体质状况合理安排。如采精过于频繁,可造成精液品质显著降低,缩短利用年限,降低配种能力,最终影响受胎率。长期不采精,引起公猪性欲低下,精子中衰老和死亡精子数增加,同时会引起受胎率下降。夏天采精时间应安排在早、晚凉爽时进行,避开炎热的中午。冬季安排在上午和下午天气暖和时进行,避开早、晚的寒冷。采精前、后1小时内不要喂饲料,不要饮冷水,以免危害猪体健康(具体的采精频率详见第55问)。

100. 种公猪性欲低下怎么办?

种公猪性欲低下主要是由于使用过度,运动不足,饲料中长期缺乏维生素E或维生素A,引起性腺退化、睾丸炎、肾炎、膀胱炎等多种疾病所致。表现为不爬跨发情母猪,性欲迟钝,厌配或拒配,即使爬跨母猪也阳痿不举,或交配时间短,射精不足。

对性欲低下的公猪要喂给专门的配合饲料,建立适宜的配种制度,合理使用,对种公猪要适当加强运动。对由于疾病而继发的种公猪性欲低下应针对原发病进行治疗;对性欲不强,射精不足的种公猪,其精液严禁使用。如果急于使用公猪,则有必要注射雄激素,如丙酸睾丸素等,可以暂时提高公猪性欲。

101. 种公猪的使用年限多长为宜?

种公猪的寿命较长,但利用年限有限,最佳的繁殖阶段较短。由于规模化猪场是常年配种,其配种任务十分繁重,种公猪的一般使用年限为2~3年,种公猪的年淘汰更新率在1/3左右。种公猪从性成熟以后开始利用,繁殖成绩不断提高,一般2~3岁时达到最高峰,以后逐渐下降直至性衰竭。青壮年种公猪(3

岁内）性欲强，精液品质好，受胎率高，四肢健壮；一般3岁以后，性欲变差，体重大且笨重，四肢不灵活，配种能力差。在一般的繁殖场如果使用合理，饲养良好，体质健康结实，膘情良好，可适当延长使用寿命到4~5岁；而在育种场为缩短世代间隔，加快育种进程，使用年限较短的为1~2年，对特别优秀的种公猪可延长种用年限。

102. 后备母猪饲养管理应注意哪些问题？

后备母猪群的培育是为了获得健康体况的繁殖群体，饲养管理上应着重骨骼和生殖器官的发育，保证其优良繁殖性能的充分发挥，延长繁殖寿命。

（1）后备母猪的营养。后备母猪的饲养采用限饲的办法，但限饲一定要与后备母猪的个体情况相结合，以保证后备母猪配种时体重能达到100~110千克，背膘厚为17~20毫米。许多母猪因限饲而导致后备母猪的发情延迟，有报道指出，限制后备母猪自由采食量的50%~85%，将延迟初情期10~14天。蛋白质的缺乏和氨基酸的不平衡也会明显延迟后备母猪的初情期。研究表明，含15%粗蛋白和0.7%氨基酸的日粮即可满足其需要。同肥育猪的日粮相比，后备母猪日粮中应含有较高的钙、磷水平，达到最佳生长的钙、磷水平并不一定能够满足最佳骨骼沉积的需要。后备母猪早期生长和发育阶段，饲喂能满足最佳骨骼沉积所需钙、磷水平的日粮，能够延长其繁殖寿命。后备母猪日粮的钙、磷需要高于后备公猪，至少含0.95%的钙和0.80%的磷。

后备母猪通常在60千克体重时进行选种，选种的母猪应喂营养水平较高的日粮，提供足够水平和高质量的蛋白质，确保稳定的体增长而不是快速增长。提供高能量的日粮以保证有足够的体脂储备。日粮中的矿物质和维生素的水平要比肥育猪的日粮高。正常饲喂的后备母猪日采食量一般为2.3~2.5千克。选种和配种期间的后备母猪应获得约35兆焦/天的能量,在准备与公猪配种前2~3周一定要保证自由采食(至少为3千克/天)。交配后72小时内应适当限制饲料采食量,要少于2.5千克/天。研究表明,配种后72小时内如果增加母猪的采食量将会影响胚胎的成活率,但72小时后则无显著影响。在配种前后一段时间喂给优质青绿饲料,可促进母猪发情和排卵,一般按风干物质算,可喂给其日粮构成的20%~25%。日粮营养水平一般为:粗蛋白15%~16%,消化能12.76~13.18兆焦/千克,赖氨酸0.70%~0.85%,钙0.80%~0.90%,总磷0.60%~0.70%。在考虑营养需要时,应让后备母猪有一定的体脂储备,从而提高繁殖力,延长繁殖寿命。

(2)后备母猪的管理。

①后备母猪的筛选,应从高产母猪的后代中筛选,头胎至少有9头以上,仔猪初生重1.2~1.5千克;后备母猪至少有6对发育良好、分布匀称的乳头,其中至少3对应在脐部以前;体型良好、体格健全、匀称,背线平直,肢体健壮整齐;身体健康,本身及同胎无遗传缺陷(如疝、锁肛等);外生殖器发育良好,180日龄左右能准时第一次发情;母性好,抗逆性、抗应激能力强;无特定病原病,如萎缩性鼻炎、气喘病、猪繁殖呼吸道综合征等。臀部削尖或站立艰难的小母猪寿命短,不能利用。如外购后备母猪,要在无疫区的种猪场选购,猪调回后,先隔离饲养45~60天,5~7日内不能过量采食,待猪只完全适应环境后,转入正常饲喂,并做好防疫注射和寄生虫的驱除工作。

②小群饲养,每圈3~5头(最多不超过10头),每头占圈面积至少0.66平方米,以保证其肢体正常发育。

③必须饲喂后备母猪专用料,而不能喂生长肥育猪料。90千克或180日龄前实行自由采食,90千克或180天后至配种实行限饲与自由采食结合。

五、种猪高效养殖饲养管理技术

④设置专门的运动场（图5.1），每天至少运动30分钟，从而增强体质，促使骨骼和肌肉的发育，保证肢蹄健壮。

⑤按驱虫和免疫程序，进行驱虫和免疫接种工作。

⑥提供良好的环境条件，保持栏舍内清洁、干燥、冬暖夏凉。

⑦配种前一段时期按摩乳房，刷拭体躯，建立感情，使母猪性情温顺，好配种，产仔后好带仔。

⑧为保证后备母猪适时发情，可采用调圈、合圈、成年公猪刺激的方法刺激后备母猪发情；对于接近或接触公猪3~4周后，仍未发情的后备母猪，要采取强刺激，如将3~5头难配母猪集中到一个留有明显气味的公猪栏内，饥饿24小时、互相打架或每天赶进一头公猪与之追逐爬跨（有人看护）刺激母猪发情，必要时可用中药或激素刺激；若连续3个情期都不发情则淘汰。

图5.1 母猪运动场

103. 如何养好空怀母猪?

空怀母猪的饲养管理是指从断奶开始到配种这一阶段的饲养管理。在养猪生产中如何合理饲养空怀母猪,使其正常发情并多排健壮的卵子,提高其配种后的配种率和受胎率,让每头母猪一年之中多产仔猪是提高养猪经济效益的关键之一。

(1) 空怀母猪的饲养。母猪经过产仔和泌乳,一般体重要减轻20%~30%。断奶时如能保持7~8成膘,断奶后5~10天就能发情配种。断奶至配种期间饲养要注意合理搭配饲粮,每千克饲粮中消化能11.72兆焦,粗蛋白质13%以上,同时要满足矿物质和维生素的需要,能获得较好效果。对于带仔多、泌乳力高的母猪和产前膘情差的母猪,应在哺乳期增加料量,断奶后采用短期优饲的方法催情。哺乳母猪断奶后,由于负担减轻,食欲旺盛,多供给营养丰富的饲料和保证充分休息,可使母猪迅速恢复体况,此时日粮的营养水平和喂量应与妊娠后期相同。对于带仔较多,泌乳力高的个体,更应加强营养,可在日粮中适当增喂动物性饲料和优质青绿饲料。空怀母猪的短期优饲,可促进发情排卵,为提高受胎率和产仔数奠定基础。

(2) 空怀母猪的管理。空怀母猪推行小群饲养,将断奶的母猪小群饲养(一般每圈4~5头),有利于母猪的发情和配种,尤其是初产母猪,效果更好。保持空怀母猪每天在运动场自由运动2~3小时。空怀母猪舍要保持清洁干燥,冬季要防寒保暖,可减少饲料消耗和疾病的发生。夏季要防暑降温,防止母猪出现乏情。同时要做好母猪发情观察和发情鉴定,并适时做好配种工作。配种时,可以采用混合精液输精,不仅能提高受胎率和产仔数,而且仔猪大小均匀。但由于混合精液不能掌握后代的血缘,故育种场不可采用,商品场可以采用。

104. 妊娠母猪营养需要有何特点？

对于怀孕母猪的饲养，必须从保持母猪的良好体况和保证胎儿正常发育两个方面去考虑，满足它们的营养需要，特别是怀孕后期的营养更为重要。

（1）能量需要。母猪在怀孕前期，对能量的需要是很少的，一般多喂些青粗饲料，就可以满足它的需要。但从母猪怀孕的第三个月起，体内沉积热能迅速增加，到怀孕的最后一个月，对热能的需要量是很大的。

（2）蛋白质需要。蛋白质对胚胎发育和母猪增重都十分重要。因此，母猪在怀孕期间，需要供给大量品质良好的蛋白质，一般一窝仔猪的初生体重为6~15千克，即需要蛋白质1.3~2千克。母猪形成一窝仔猪需要2~3千克可消化纯蛋白质。

（3）矿物质需要。胎儿的骨骼形成需要矿物质，如初生仔猪平均含矿物质3.0%~4.3%，其中主要是钙和磷（约占矿物质的80%）；同时母猪本身在怀孕期间体内也需要储备大量的钙和磷，一般为胎儿需要量的1.5~2倍。因此，对于怀孕母猪，必须从饲料中供给充分的钙和磷，而且要求比例适当，钙磷比以(1~1.5)：1为最好。

（4）维生素的需要。维生素A、维生素D、维生素E，不仅是怀孕母猪体内代谢活动的保证，同时也能直接影响到胎儿的发育。如果饲料中胡萝卜素或维生素A缺乏，往往引起子宫、胎盘的角质化或坏疽，因而影响胎儿对营养物质的吸收，造成母猪流产或产死胎，或者胎儿畸形、怪胎，仔猪抗病力和生活力降低。维生素D缺乏时，母猪和胎儿的钙、磷代谢障碍，营养不足，直接影响到胎儿骨骼的正常形成，甚至造成流产、早产、畸形或死胎。维生素E缺乏时，胚胎会早期被吸收，或胎盘坏死、死胎等。

105. 妊娠母猪的饲养管理有哪些注意事项？

母猪配种受胎后，即进入妊娠期。饲养妊娠猪的中心任务是保证胎儿在母体内得到正常的发育，防止流产，能产出健壮、生活力强、大小均匀和初生体重大的仔猪，并保持母猪具有中等体况，为妊娠母猪创造良好的营养贮备，为产后泌乳奠定基础。

（1）妊娠母猪的饲养。母猪妊娠一般分为妊娠前期（1~85天）和妊娠后期（85~114天）。

①饲养方式：妊娠母猪应采取"前低、后高"的饲养方式。即妊娠前期采取较低营养水平饲养，妊娠后期采取较高营养水平饲养。就母猪不同生理阶段而言，应采取"低妊娠、高泌乳"的饲养方式。即对妊娠母猪采取限量饲养，而哺乳母猪采取充分饲养。这种饲养方式饲料利用经济，由于妊娠期内大量储备营养供泌乳，使储备营养二次转化降低了饲料利用率。同时，泌乳期的饲料利用率以妊娠期增重较少的母猪为高。如果妊娠期营养过于丰富，体脂储备过多，则会使母猪食欲不佳，影响泌乳量，减重多，对断奶后发情配种不利。一般妊娠期增重以初产母猪40~45千克，经产母猪30~35千克为宜。

②饲喂技术：日粮的喂量以妊娠前期每日2千克，日喂2次，自由饮水。妊娠中期视其体况增减料量，一方面促进其尽快恢复体况，另一方面保证胚胎的正常发育，一般每天饲喂2.0~2.5千克。妊娠后期每日3.0~3.5千克，适当增加饲喂次数，减少每次喂量，防止压迫胎儿。妊娠期可适当添加粗饲料。

（2）妊娠母猪的管理。

①妊娠母猪在妊娠前期实行分群饲养，每群4~5头，到妊娠后期，适当减少头数，临产前5~7天转入分娩舍，实行单圈饲养。

②妊娠母猪适当运动，有利于增强体质，促进血液循环，加

速胎儿发育，又可以避免难产。每天在运动场内自由活动2~3小时，在产前5~7天停止运动。妊娠第一个月，为了恢复体力和膘情，要少运动。

③妊娠母猪要防止相互拥挤、咬架、滑倒、鞭打、惊吓等发生，以免造成损伤，而引起死胎和流产。

④保持猪舍的清洁卫生，做好猪舍粪尿及时清理和定期消毒工作，保证地面干燥，尽量降低圈内湿度，提供安静舒适的生活环境，防止子宫感染和其他疾病的发生。

⑤更换饲料要逐渐过渡（一般4~5天）切忌突然变更，以免引起母猪便秘、腹泻，甚至流产。不能喂发霉或有毒的饲料。值得注意的是不定期清洗食槽，不消毒，剩料不清除，槽中的饲料最易发霉，新料也会被污染，长期这样做对猪的健康相当不利，还容易引起流产。

⑥要做好防寒防暑工作。冬季要防寒保温，防止母猪感冒发热造成胚胎死亡或流产；夏季要防暑降温，特别是母猪妊娠初期防止高温造成胚胎死亡。

106. 母猪分娩后如何护理？

母猪分娩时，生殖器官发生了急剧的变化，机体的抵抗力明显下降。因此，母猪产后要进行妥善的护理，让其尽早恢复健康，投入正常的生产。

（1）饲养方面。母猪分娩时体力消耗很大，体液损失较多，母猪表现出疲劳和口渴，因此，要准备足够的、温热的1%盐水，供母猪饮用。母猪分娩后8小时内不宜喂料，保证供应温水，第二天早上再给流食，因为产后的母猪消化功能很弱，应逐步恢复饲喂量。如果母猪消化能力恢复得好，仔猪又多，2天后可以恢复到分娩前的饲喂量。如果母猪少乳或没乳，必须马上采取措施挽救，可先调制些催乳的粥饲料类，如小米粥、小鱼和小虾汤、豆浆、牛奶等，1天喂饲3次，泌乳量上来后再逐渐减少直至停喂。

（2）管理方面。母猪分娩结束后，要及时清除污染物，墙面、地面、栏杆擦干净后，喷洒2%来苏儿进行消毒，给母猪创造一个卫生、安静、空气新鲜的环境。细心观察分娩后的母猪和仔猪的动态。母猪产后其子宫和产道都有不同程度的损伤，病原微生物容易入侵和繁殖，给机体带来危害。对常发病如子宫炎、产后热、乳房炎、仔猪下痢等病症应早发现早治疗，以免全窝仔猪被传染。例如，发现有一头母猪精神不振、食欲减退、有剩料等现象，要及时查明原因，如果是因子宫发炎所致，连续注射青霉素2天后可痊愈，一般不会影响仔猪哺乳。如发现有仔猪下痢，应立刻清除传染源，并及时治疗。有条件的场可在母猪分娩3天后，将其放进运动场，使其自由活动，接触阳光，恢复体力，促进消化，对提高泌乳量十分有益。但是活动时间不能太长，防止受凉和惊吓。

107. 母猪泌乳有什么特点？

母猪乳头有6~8对，各个乳腺间不相通连。乳房没有乳池，只有母猪放奶时仔猪才能吃到奶，母猪每天都有一定的放奶次数。

（1）猪乳的成分。猪乳与其他家畜的乳汁比较，含水分少、干物质多，脂肪和蛋白质要比牛乳、山羊乳高，适合仔猪快速生长发育的需要。

（2）初乳和常乳特点。猪乳分为初乳和常乳两种。初乳是母猪产仔3天之内所分泌的乳汁，主要是产仔后24小时内的乳汁。常乳是母猪产仔3天后所分泌的乳汁。初乳和常乳成分不相同。同一头母猪的初乳和常乳的成分比较，初乳含水分低，含干物质高，比常乳高1.5倍。初乳蛋白质含量比常乳含量高3.7

倍。初乳中脂肪和乳糖的含量均比常乳低。初乳中还含有大量抗体和维生素，这可保证仔猪有较强的抗病力和良好的生长发育。由此可见，初乳完全适应刚出生仔猪生长发育快、消化能力低、抗病力差的特点。

（3）母猪的泌乳量。母猪泌乳量的高低与仔猪的成活率和生长发育速度有着紧密的关系。母猪每次放奶量不等，大约平均300多克，整个泌乳期可大约产奶300多千克。

（4）不同乳头的泌乳量。哺乳母猪不同乳头的泌乳量也不相同。一般是靠近前边胸部的几对乳头泌乳量比后边的多，尤其3~5对乳头的泌乳量最高。

（5）泌乳次数。母猪放奶时间很短，也只有十几秒到几十秒的时间，所以每天的哺乳次数较多。生产中必须保证仔猪在这么短的时间里吃到奶，不然过了放奶时间，只能到下次放奶仔猪才能吃到乳汁。母猪的泌乳次数与猪的品种、泌乳功能的高低、泌乳期的长短和饲养管理等因素有关。

108. 怎样饲养管理好哺乳母猪？

饲养、管理好哺乳母猪的任务和目的是为了使母猪安全产仔，达到母仔平安的目的。同时，使母猪多采食，多产乳以哺育仔猪，提高仔猪的成活率和断奶个体重。促进母猪早日恢复体况，防止体重减轻过多，保证断奶后能尽快发情和配种，转入下一个繁殖周期。

（1）哺乳母猪饲养。妊娠母猪临产前5~7天，转入产房，母猪产前3~4天逐渐减料，如果母猪膘情不好，则不但不能减料，还应加喂一些富含蛋白质的催乳料。产仔当天不喂料，最好喂给豆饼、麦麸汤（加少许食盐）。第二天日喂2次，给料量2.5千克。产仔第三天开始日增加料量0.5千克，产后1周日给料量5千克，并根据母猪体况及带仔头数适当增减料量，日喂3~

4次,自由饮水。母猪断奶前3天减料至3~4千克,并控制饮水,以免断奶后发生乳房炎。有些母猪因妊娠期营养不良,产后无奶或奶量不足,可喂给小米粥、豆浆、小鱼和小虾汤、煮海带肉汤等催奶。

(2)哺乳母猪的管理。哺乳母猪实行单栏饲养。母猪产后2~3天,可到舍外运动场自由活动,这对其恢复体力,促进消化和泌乳是有利的。产房要保持安静、温暖、干燥、卫生、空气新鲜。产栏和过道,每2~3天消毒一次,防止发生子宫炎、乳房炎、仔猪下痢等疾病。哺乳母猪日粮结构要保持相对稳定,不要频变、骤变饲料品种,不喂发霉变质和有毒饲料,以免造成母猪中毒和乳质改变而引起仔猪腹泻。

109. 母猪产后拒绝哺乳怎么办?

在一般情况下,健康母猪产后乳汁都十分充足,每隔30~60分钟乳房就会膨胀起来,待仔猪吃一遍奶后,母猪才会有舒服感。但在饲养中,也发现有少数母猪不让仔猪吃奶的现象。其发生原因及相应处理方法如下:

(1)初产母猪无喂奶经验。不少初产母猪首次给仔猪喂奶有恐惧感,因经不起仔猪纠缠而发生不给仔猪吃奶的现象。对这样的母猪要耐心调教,饲养员看守在母猪身边,等它卧睡时,用手轻轻挠其肚皮,让它保持安静,同时还要看护好仔猪。对个别脾气较坏的,要用强制方法使其安静,再让仔猪吃奶。连续几次后母猪就习惯了。在初产母猪临产前,人若经常接近母猪,采用挠肚皮、按摩乳房等爱抚措施,这样产后母猪也会自然喂奶。

(2)母猪乳房干瘪无奶。这种情况多因产前营养不良引起。对这样的母猪要多喂些催奶饲料,如大豆汁、小鱼汤、海带汤等流汁料;或用药物催奶,如催乳片、小苏打等。经催奶后,仔猪自然会慢慢地吃到母乳。

(3) 母猪继发乳腺炎。因创伤感染或乳汁过多而引起乳腺炎,母猪因患部疼痛而拒绝仔猪吃奶。应及时进行治疗,可用普鲁卡因、青霉素对母猪乳腺进行局部封闭治疗或采用全身疗法。

(4) 仔猪犬齿长得不正。个别仔猪因犬齿长得过长过偏,吃奶时咬疼母猪,而使母猪发出尖叫,并突然站起,甚至反咬仔猪。可用剪刀或电工用小钳子把仔猪犬齿剪平即可。

(5) 不适应新环境。在母猪转移到新环境产仔时,因噪声较大、情绪紧张而不能适应新的地方,以致不让仔猪吃奶。因此,应将临产母猪提前2天赶到新产房,以让它能够适应新环境。

110. 为什么母猪产后喂些麸皮好?

麸皮内含有较高的粗蛋白质和矿物质,赖氨酸的含量也较丰富,并含有抗酸盐,有轻泻作用。若在母猪产前、产后喂些麸皮(一般比例为10%~25%),可防止母猪便秘及乳汁过浓。但是也要控制用量,妊娠母猪日粮中最好不超过15%,因其毒素和抗营养因子含量较高而容易引起流产、弱仔和死胎等。

111. 影响母猪泌乳量的因素有哪些,如何提高母猪的泌乳量?

乳汁的分泌是一个复杂的过程,它不仅与乳腺细胞的形状和大小有关,也与细胞本身的新陈代谢、中枢神经的调节和母猪的营养状况有密切关系。它受众多遗传因素和环境因素的影响。例如,品种类型、年龄(胎次)、哺育仔猪头数及饲养管理等均能影响母猪的泌乳量。

(1) 影响母猪泌乳量的因素。

①品种:不同品种或品系泌乳量不同。一般来说,大型肉用型或兼用型品种猪泌乳量高,脂肪型品种泌乳量低。几个品种的

母猪泌乳量比较试验表明,泌乳量最高的品种是长白猪,平均日泌乳量高达10.31千克,其次是大白猪,而我国地方猪种金华猪仅有5.47千克。

②年龄(胎次):在通常情况下,初产母猪泌乳量低于经产母猪。原因是初产母猪尚未达到体成熟,特别是乳腺等各组织还处在进一步发育过程中。因此,泌乳量受到影响,从第二胎开始泌乳量上升,第五胎达到高峰,第六至七胎以后泌乳量下降。试验表明,我国地方某猪品种第一胎平均日泌乳量为5.97千克,第二胎为7.22千克,第三胎为8.07千克。

③哺乳仔猪头数:哺乳母猪一窝哺育仔猪头数的多少与其泌乳量有密切关系,带仔头数多的泌乳量高。原因是仔猪有吃固定乳头的习性,母猪放乳必须经过仔猪拱乳头刺激引起垂体后叶分泌生乳素才能放乳,而未被吃奶的乳头分娩后不久即萎缩,因而带仔头数多,吸出的乳量也多。试验证明,母猪每多带1头仔猪,60天的泌乳量可相应增加26.72千克。因此,调整母猪产后带仔头数,使其带满全部有效乳头的做法,可提高母猪的泌乳潜力。

④体重与膘况:体重大、膘况适度的母猪泌乳量大于体重小的母猪,过于肥胖的猪泌乳量低。

⑤哺育季节:在养猪环境没有控制的情况下,春秋两季母猪泌乳量高。夏季炎热、蚊蝇干扰、冬季寒冷均影响母猪的泌乳量。

⑥饲养管理:哺乳母猪饲料的营养水平、饲喂量、环境条件和管理措施等均可影响其泌乳量。所以,给予哺乳母猪良好而适度的饲养管理条件,才能充分发挥泌乳潜力。

(2)提高母猪泌乳量的措施。

①加强营养。哺乳母猪饲养的一个总的原则是,设法使母猪最大限度地增加采食量,减少哺乳失重。哺乳母猪的饲料应按照哺乳母猪的饲养标准进行配合,且应该是优质、易消化、适口性

五、种猪高效养殖饲养管理技术

好、体积不要太大,新鲜、无霉、无毒、营养丰富的原材料。在饲料搭配上,对哺乳期母猪应适当多喂些青绿多汁及块根块茎类饲料,可增加泌乳量,也可有效地防止母猪便秘。饲喂次数以日喂 3~4 次为宜,泌乳高峰期可以视情况在夜间加喂 1 次。

②保持良好的环境条件。舍内粪便随时清扫,保持产房清洁干燥和良好的通风。如果栏圈肮脏潮湿会影响仔猪的生长发育,严重者会患病死亡。冬季注意防寒保温,哺乳母猪产房应有取暖设备,防止贼风侵袭。夏季注意防暑,增设防暑降温设施,防止母猪中暑。做到定期消毒,消毒药可选用广谱、刺激性小的药物。料槽保持清洁、干燥,内无腐败变质饲料。

③保护母猪的乳房和乳头。哺乳母猪乳腺的发育与仔猪的吸吮有很大关系,特别是头胎母猪,一定要使所有乳房和乳头都被均匀利用,以免未被吸吮利用的乳房发育不好,影响泌乳量。对于初产母猪可在产前 15 天开始乳房按摩,或产后开始用 40℃ 左右温水浸湿抹布,按摩乳房至断奶前后,可收到良好效果。圈栏要平坦,特别是产床要去掉突出的尖物,防止刮伤乳头。

④保证充足饮水。母猪哺乳阶段需水量大,只有保证充足清洁的饮水,才能有正常的泌乳量。产房内最好设置自动饮水器和储水装置,保证母猪随时都能饮水。乳头饮水器的出水量不少于 1.5 升/分。

⑤注意观察。经常查看母猪吃食、粪便状况和精神状态及仔猪的生长发育情况变化,以便综合判断母猪的健康状态。如有异常及时报告兽医,检查原因并采取措施。

⑥少喂勤添,增加饲喂次数。母猪产后几天消化功能还未恢复,每次不要喂得过多。随泌乳量上升,母猪对营养的需要日渐增加,对哺乳母猪应增加饲喂次数,以日喂 3~4 次为宜。

⑦加强运动。母猪产后 2~3 天如果天气晴好,就让它每天运动几十分钟。

六、仔猪高效养殖饲养管理技术

112. 哺乳仔猪有哪些生理特点？

哺乳仔猪有以下生理特点：

（1）仔猪调节体温的功能不健全，抗寒能力差。初生仔猪大脑皮层发育不健全，调节体温的能力差，特别是出生后的前几天，在寒冷的环境中很难维持正常体温，容易被冻僵或冻死。因此，初生仔猪对环境温度的要求比较高，特别在冬季或早春产仔，应提前做好防寒工作，如在产圈内生火炉、门口挂草帘或棉帘，有条件的可用红外线灯取暖，铺好干燥、柔软的垫草，预防仔猪过于寒冷造成死亡。

（2）消化器官不发达，消化功能不完善。仔猪出生时其消化器官容积小，功能不完善，仔猪胃重仅有5～8克，容积30～40毫升，随着日龄的增长而迅速扩大，到20日龄时胃重已达35克，容积扩大3～4倍，达100～150毫升，到断奶时小肠的长度比出生时增长5倍左右，容积增加40～50倍。所以，哺乳仔猪前期消化液分泌不足，消化力很弱，尤其是缺乏胃液中的酸，胃蛋白酶没有活性，消化蛋白质的能力差，只有随着日龄的增长，消化功能不断完善，消化力才逐渐增强。因而饲养哺乳仔猪应根据这些特点选择营养丰富、易于消化的饲料，采用定时定量、少喂勤添的方法饲养。

(3)缺乏先天免疫力,容易患病。仔猪出生后从初乳中获得免疫抗体,10日龄自身才开始产生抗体,且数量很少,对病原微生物没有较强抵抗力。故在此阶段(20日龄前)易患病,死亡率也比较高。因此,初生仔猪应吃好初乳,并训练早开食,同时应注意饲料、饮水的清洁卫生,减少污染,预防疾病。

(4)代谢旺盛,生长发育快。仔猪10日龄体重为初生时的2倍以上,30日龄时为6~7倍,60日龄时为15~26倍,高者可达30倍。另外仔猪的物质代谢要比成年猪高得多,例如20日龄的仔猪,每千克体重可沉积蛋白质9~14克,而成年猪只能沉积0.3~0.4克。因此,仔猪对营养的平衡与否特别敏感。

113. 如何高效救治假死仔猪?

母猪产仔后,仔猪有时会出现不正常现象,全身发软,张嘴抽气,或停止呼吸,但脐带血管仍有波动,触摸胸部心脏仍在跳动,这种现象叫作"假死"。当出现这种情况时应立即抢救,有以下几种方法:

(1)假死仔猪产出后,应迅速用清洁毛巾将其口鼻部的黏液及羊水擦干净,将少量乙醇涂入鼻孔及鼻端,或向鼻孔吹气,以刺激诱发仔猪呼吸。

(2)一只手倒提仔猪两后肢,另一只手轻轻地拍打仔猪背部及前胸,使其喉咙中的黏液从口鼻流出,然后向假死仔猪口内、耳内猛吹几口气,直至仔猪发出叫声为止。

(3)使假死仔猪仰卧在柔软的垫草堆上,用手拉住两前肢,前后伸屈,一紧一松地压迫胸部,每分钟15~25次,持续4~5分钟,进行人工呼吸。

(4)把仔猪放入38℃的温水盆中,头露在外面,注意防止呛水,并不断地摆动及轻敲其肋部及背部,再逐渐将水温升至45℃,一般在温水中浸洗20~30分钟,浸后立即用干毛巾擦干全身，仔猪常有复活的可能。

当假死仔猪恢复呼吸后，应将它放在温暖屋内的柔软干草上，并让它及时吃上初乳，精心进行护理。

114. 如何给初生仔猪保温？

仔猪调节体温的功能不健全，对寒冷的应激能力差，7日龄内适宜环境温度为28~32℃，8~30日龄为25~28℃，31~60日龄为23~25℃，寒冷可使仔猪冻死，同时也是压死、饿死和下痢的诱因。因此，母猪冬季或早春产仔，必须做好仔猪的保温工作，给仔猪创造一个适宜的生活环境。目前，规模猪场普遍采用红外线保温灯，用红外线灯泡吊挂在仔猪躺卧的护仔架上面或保温间内给仔猪保温取暖，并可根据仔猪所需的温度随时调整红外线保温灯的吊挂高度。此法设备简单，保温效果好，并有防治皮肤病的作用。但是红外线保温灯存在沾水易爆，破损率高的缺点，而且使用时也要注意防止仔猪咬到电线；仔猪保温箱也是国内普遍使用的保温设备，能为仔猪营造适宜的局部小气候，有利于仔猪的生长发育，特别在断奶时的体重增加较为显著，仔猪重量比较均匀。保温箱通常包括供暖和控温两个部分。国内最常见的仔猪保温箱一般都结合了上方供暖或是下方供暖方式，如在箱体上方悬挂红外线灯、石英灯加热或是在保温箱底部安装电热板、皮、铺盖垫草等，而这两种供暖方式中下方供暖对提高仔猪的生产性能都有更好的效果。

115. 为什么要让仔猪吃足初乳？

母猪的乳汁分为初乳和常乳，初乳主要是产仔24小时之内分泌的乳汁，有人认为头3天的乳汁为初乳。初乳比常乳浓，含有较高的抗体和蛋白质（表6.1）。

初乳的特点是蛋白质含量高，并含有大量免疫球蛋白。免疫球蛋白包括免疫球蛋白 G、免疫球蛋白 A 和免疫球蛋白 M。免疫球蛋白可以提高仔猪的抗病力，是哺乳仔猪不可缺少的营养物质。仔猪出生时，体内没有免疫抗体，缺乏先天免疫能力，抗病力低。这是因为免疫抗体是一种大分子，猪的胎盘构造较复杂，母猪血管和胎儿血管由 6～7 层组织隔开（人 3 层，牛、马 5 层），所以限制了母体抗体进入胎儿体内，无法得到自身免疫。仔猪在初生的 24 小时内，肠道黏膜组织绒毛上皮细胞处于原始状态，初乳中的免疫球蛋白可以经肠壁吸收进入血液，使体内免疫力迅速增加。而生后 36 小时，肠渗透性发生改变，吸收能力降低。免疫球蛋白在初乳中维持的时间也很短，3 天后就降至最低水平。仔猪 10 日龄后，才能自身产生免疫抗体，但速度很慢，直至 5～6 个月，才能达到成年猪水平。因此，让初生仔猪吃足初乳，是增强仔猪抗病力的最好措施。

此外，初乳含镁盐较多，具有轻泻作用，能促进胎粪的排出；铁和维生素 A、维生素 D 的含量也比常乳高 5 倍以上。所有这一切，都使初乳成为初生仔猪不可替代的食物。如果仔猪由于某些原因需要人工哺乳或寄养给其他母猪的时候，也应尽量设法让它能吃到 2～3 天的初乳，这样对于增强仔猪抗病力和促进其生长发育都有好处。吃不到初乳的仔猪常难养活。

表 6.1　母猪初乳与常乳营养成分比较（%）

种类	水分	干物质	蛋白质	脂肪	乳糖	灰分
初乳	70.8	29.2	20.0	4.5	3.9	0.6
常乳	81.0	19.0	5.4	7.5	5.2	0.9

116. 为什么要给仔猪固定乳头？

母猪的乳房构造与其他家畜不同，它没有乳池，所以只有在母猪放乳时仔猪才能吸到乳汁。而母猪放乳的时间很短，一般只有 20 秒左右。如果有个别仔猪在放乳前没能衔上乳头，等母猪放完乳，这头仔猪就只能饿着等待下次放乳。由于母猪哺乳的这种特殊性，就决定了一窝仔猪必须每头都有一个固定的乳头，好让母猪放乳时能马上吃到奶，才不至于挨饿。由于母猪乳头的位置不同，泌乳量也不一样。据测定，一般都是前边的乳头泌乳量高于后边的乳头。如果任凭一窝仔猪自由固定，往往都是初生体重大的强壮仔猪抢占前边出奶多的乳头，弱小仔猪只能吃后边出奶少的乳头，最后形成一窝仔猪强的愈强，弱的更弱，到断奶时体重相差悬殊，有时甚至造成弱小仔猪的死亡或形成僵猪，或者由于争夺出奶多的乳头互相咬架，影响母猪正常放乳，甚至咬伤母猪乳头，引起母猪拒绝哺乳。

117. 怎样给仔猪固定乳头？

仔猪出生后经断脐、称重、剪犬齿后马上固定乳头，喂足初乳。固定乳头越早，一些人为地调节措施越易做到。在给仔猪具体分配乳头时，就要有意识地把强壮仔猪固定在后边的乳头吃奶，把弱小的仔猪固定在前边的乳头吃奶，其余的以自选为主。也可以把强壮仔猪固定在发育差和出乳少的乳头上，以便通过强壮仔猪对乳房的按摩和吮吸，促进乳腺的发育。对弱小仔猪吮吸的乳头，还可辅以人工按摩，以促进乳腺的发育，增加泌乳量。在乳头尚未固定前，应让母猪朝一个方向躺卧，以利于仔猪识别自己吸吮的乳头。给仔猪人工固定乳头，必须在生后 2~3 天内做好，特别是开始阶段一定要细心照顾，一般在生后 2~3 天内经过一段看管，就可以达到固定的目的。对于个别抢乳的仔猪，要适度延长看守固定乳头的时间。

118. 提高哺乳仔猪成活率的关键措施有哪些？

养好哺乳仔猪的目的是使仔猪成活率高，生长发育快，均匀

六、仔猪高效养殖饲养管理技术

整齐，健康活泼，断奶体重大，为以后养好保育猪打下良好基础。

（1）吃足初乳、固定奶头。初生仔猪不具备先天免疫能力，必须通过吃初乳获得免疫能力。初乳中含有丰富的蛋白质、维生素和免疫抗体、镁盐等营养物质；初乳酸中度高，有利于消化，能增强仔猪的抗病能力，增进健康，提高抗寒能力，促进胎粪排泄。因此，仔猪出生后1小时要人工辅助吃足初乳。并在仔猪初生2~3天内固定乳头（具体方法详见第116问）。

（2）及时补铁。新生仔猪容易发生缺铁性贫血，因为初生仔猪体内铁贮量不足。据研究，新生仔猪出生时体内铁贮量为40~50毫克。仔猪正常生长每头每日需铁7~8毫克才能保证其较快的生长速度。而每头仔猪每日从母乳中获得的铁不足1毫克。所以，如果不给仔猪补铁，其体内铁将在4天内耗完，猪就会患贫血症，精神萎靡，皮肤可视黏膜苍白，被毛蓬乱无光泽，下痢，生长停滞。病猪逐渐消瘦衰弱，严重者可导致死亡。补铁常用方法是在仔猪出生后2~3日内，肌内注射铁制剂（右旋糖酐铁等）每头剂量150毫克。在安排补铁工作时，注意冬季选择气温较高的下午2点左右或上午10点左右，夏季选择下午5点以后，这样注射相对效果更好一些，同时可防止不必要的铁中毒或过敏事件的发生。

（3）诱食补料。仔猪的生长发育极为迅速，但是也只有充分满足其营养需要，才能达到快长的目的。从母猪的泌乳规律看，泌乳高峰是在产后3周左右，随后泌乳量下降，即使在泌乳高峰期，也难满足仔猪体重日益增长的营养需要。如不及早补料，则会使仔猪生长发育受阻，断奶体重降低。提早补料，还可以锻炼仔猪的消化器官及其功能，促进胃肠发育，防止下痢并为安全断奶奠定基础。一般仔猪出生后5日龄训练饮水，7日龄训练开食，到20日龄能大量采食饲料。开食注意事项：采用适口性好、体积小、所含营养物质适合于仔猪消化系统的要求的饲料；少量多次，保持饲料新鲜；提供充足清洁的饮水；可采用抹嘴的办法或将小猪与母猪每天隔开几小时，以帮助仔猪尽快学会吃料。

（4）保温防压。初生仔猪皮下脂肪层薄、被毛稀疏、体温调节能力差，所以保温是提高仔猪育成率的关键性措施。在产栏内设置仔猪保温箱，内吊1只250瓦的红外线灯泡或铺仔猪电热板。另外，在产栏内安装护仔栏，防止仔猪被母猪踩死、压死。

（5）寄养或并窝。母猪的产活仔数往往超过有效乳头数，或母猪产后初期死亡，这时就要采取寄养或并窝，这样可提高母猪利用率（具体方法详见第119问）。

（6）去势。去势的猪性情温顺、食欲好、增重快、肉质无异味。仔猪去势可在出生后7~10日龄前完成，早去势应激小，伤口愈合好。瘦肉型母猪性成熟晚，在高营养水平饲养条件下5~6月龄体重可达90~100千克，在性成熟之前即可上市。所以养商品肉猪可阉公猪（无异味），不阉母猪（瘦肉率高）。最好在7~10日龄去势，因为这时小猪已良好发育，能经受这种伤害，并且睾丸还没有大到使手术很危险。有疝气的猪不要去势，因肠子通常会暴露出来。

（7）剪犬齿。仔猪初生就有位于上下颌左右各两枚共8颗犬齿。犬齿对仔猪本身没有影响，但由于犬齿十分尖锐，吃乳时或发生争斗时易咬伤母猪乳头或同伴面颊。解决办法是用消毒过的剪齿钳子剪去牙齿，应尽可能接近牙床表面剪断，并不伤及牙床。一旦伤害牙床，不仅妨碍小猪吮乳，而且受伤的牙床将成为潜在的感染点。

（8）断尾。为预防断奶仔猪、生长猪或肥育猪阶段咬尾现象的发生，仔猪出生后2~3日龄将尾断掉。方法是用消毒过的断尾钳子，在距仔猪尾根1.5~2.0厘米处剪断，并用碘酒消毒断尾处。

（9）断奶。仔猪断奶时间关系到母猪年产仔窝数和育活仔猪头数。应根据乳猪料的质量、仔猪的采食量、母猪的泌乳力，以及猪场的设备条件和管理水平等确定断奶日龄。一般推荐30日龄或早期21日龄断奶。仔猪断奶方法有逐渐断奶法、分批断奶法和一次断奶法（具体方法详见122问）。

119. 如何进行仔猪的并窝与寄养？

母猪所产仔猪头数超过母猪的有效奶头数，营养状态会受到限制；或因母猪分娩后发病、死亡、缺奶时，应对哺乳仔猪实施并窝或寄养，以提高仔猪的成活率。并窝时，要根据"奶妈"母猪所带仔猪大小并入相应大小的仔猪。一般来说，将较大的仔猪并窝较好，成活率较高。事先把寄养的仔猪与"奶妈"母猪本窝的仔猪混到一起1~2小时，让它们互相接触。并窝在产期相隔3天以上的母猪间实施，最好安排在夜间进行。为了使寄养母猪能接纳仔猪，可采用以下几种方法：用"奶妈"母猪产仔时的胎衣或垫草涂擦仔猪身体后并窝；把"奶妈"母猪的乳汁或尿液涂洒在将要并窝的仔猪身上，把并入仔猪混到"奶妈"母猪的仔猪群中，趁母猪不注意时把仔猪放入母猪身边让其吸乳；用白酒喷在仔猪身上和"奶妈"母猪的鼻盘上，"奶妈"母猪分辨不出是自产仔猪还是他窝仔猪；将并入的仔猪事先与"奶妈"母猪的仔猪一起放入保育室，与母猪隔离，待仔猪饥饿、母猪乳房膨胀时，再把仔猪放出吃乳；在两窝小猪身上涂上煤油、臭药水等，使彼此气味相同，达到并窝目的。寄养时可能发生并窝仔猪不认"奶妈"，拒绝吃奶，解决的办法是把寄养仔猪暂隔2~3小时，等仔猪感到饥饿难忍时，再将仔猪送到"奶妈"母猪身边，这样寄养仔猪就容易吃"奶妈"母猪的奶了。如果个别仔猪仍不吃奶，可人工辅助把奶头放入其口中，强制其哺乳。

重复数次，仔猪吃到甜头，就不会拒哺了。但要注意寄养的仔猪与原窝仔猪的日龄要尽量接近，最好不要超过3天，超过3天以上，往往会出现大欺小、强欺弱的现象，使体小仔猪的生长发育受到影响。寄养的仔猪，寄养前必须吃到足够的初乳，否则，不易成活。

仔猪并窝应根据具体情况，灵活运用。采用以上方法并窝后，只要"奶妈"母猪的乳汁被并窝的仔猪吸过1~2次，出现母仔相容，安静相处时，并窝就成功了。

120. 怎样给仔猪配制和饲喂人工乳？

有些母猪产仔后，泌乳不足或无乳，需配制人工乳饲喂仔猪才能使其正常生长发育，提高仔猪成活率和育成率。人工乳多是用脱脂乳、酪乳、乳清和植物性饲料，再加上动物脂肪、碳水化合物、维生素、无机盐、抗生素和其他仔猪正常生长发育所必需的成分配制而成。

(1) 仔猪人工乳的配制方法。

①10日龄前仔猪人工乳的配制：

配方：牛乳1 000毫升，全脂乳粉50~200克，葡萄糖精20克，鸡蛋1枚，矿物质溶液5毫升，维生素溶液5毫升。

配制方法：上述配方中的原料除鸡蛋、矿物质、维生素溶液外，其余的需用蒸汽高温消毒，冷却后加入，拌匀即成。

②10~30日龄人工乳的配制：

配方一：牛乳1 000毫升，白糖60克，硫酸亚铁2.5克，硫酸铜0.2克，硫酸镁0.2克，碘化钾0.02克。

配制方法：将上述各种成分放入牛乳中煮沸，冷却后即可饲喂。

配方二：新鲜牛乳1 000毫升，葡萄糖5克，1%硫酸亚铁溶液10毫升。

配制方法：将葡萄糖、硫酸亚铁溶液加入牛乳中煮沸，冷却至50℃以下，加入鱼肝油1毫升和充分打碎的新鲜鸡蛋半枚，以及适量的痢特灵（千分之一），喂时保持37℃的温度。

配方三：面粉40%，炒黄豆粉17%，淡鱼粉12%，大米粉15%，玉米粉5%，酵母粉4%，白糖4%，钙粉1.5%，食盐0.5%，生长素1%，鱼肝油1毫升。

配制方法：将配方中各种粉料混合拌匀后，加入2～3倍的水搅拌呈不稀不稠为宜，煮沸冷却后，加入鱼肝油即可使用。

③31日龄至断奶时仔猪人工乳的配制：

配方：玉米粉30%，面粉20%，大米粉10%，豆饼粉15%，淡鱼粉12%，麦麸7%，钙粉2%，食盐0.5%，酵母粉2.5%，生长素1%，鱼肝油1毫升。

配制方法：将配方中各种粉料混合拌匀后加入2～3倍的水搅拌呈不稀不稠为宜，煮沸冷却后，加入鱼肝油即可使用。

（2）饲喂方法。仔猪生下3～5天即可开始调教采食人工乳，开始可放在浅容器内让仔猪自由舔食，由于人工乳味道鲜美，仔猪经数天的调教便很快学会采食。

人工乳的饲喂时间和用量：10日龄以内的仔猪，白天每隔1～2小时喂一次，夜间每隔2～3小时喂一次，每次每头40毫升；11～20日龄仔猪，白天每隔2～3小时喂一次，夜间每隔4小时喂一次，每次每头喂200毫升；21日龄以后的仔猪，不分昼夜，每隔4小时喂一次，每次每头400毫升，直至断奶。

121. 仔猪什么时间断奶更合适？

选择适当的断奶时间是仔猪断奶成功的关键，断奶时间过早，仔猪应激反应大，易患病，影响其生长发育；断奶过晚，会降低母猪的利用率，增加饲养成本。国外以仔猪19～32日龄断奶居多，约占92%。我国大部分猪场采用21～28日龄断奶。因为小猪3周龄后,消化系统已经基本发育健全,消化吸收营养物质的能力逐渐增强,免疫系统也开始产生抗体,生长发育越来越快,而母猪的泌乳量达到高峰后却开始下降。这时,在小猪的营养需要上,和母猪乳中供应的营养量存在很大的差异。必须通过饲料获取足够的营养,才能满足生长发育的需要。在具体断奶时间上,要根据各养殖场的饲养条件、饲养水平、仔猪的健康状况综合考虑,灵活掌握。如饲养条件好、养殖水平高的养殖场断奶时间可以适当提前,饲养条件较差,仔猪体弱的可适当延长断奶时间。

122. 哺乳仔猪的断奶方法有哪些?

搞好仔猪断奶,是促进仔猪健康发育的重要一环。

(1) 仔猪断奶方法有三种。

①一次性断奶法:即当仔猪达到预定断奶时间时,果断迅速地将母、仔分开,实行同时断奶,这种方法简单,操作方便,省工省力,主要用于生长发育均匀、正常、健康的仔猪。为防止仔猪和母猪一时无法适应突然断奶的刺激,应于断奶前3天开始减少母猪精饲料和青饲料的喂饲量,并加强对母、仔的护理工作。

②分批断奶法:即根据仔猪的发育情况、食量和用途分先后陆续断奶。一般将发育好、食欲强、拟肥育的仔猪先断奶,而体格小、拟留种用的后断奶,适当延长哺乳期。该种方法费工费力,母猪哺乳期较长,但能较好地适用于生长发育不平衡或寄养的仔猪。

③逐渐断奶法:是逐渐减少哺乳次数的断奶方法,即在仔猪预定断奶日期前4~6天,让母、仔分开饲养,常将母猪赶出圈舍,定时放回哺乳,哺乳次数逐日减少直至断净。此法比较安全可靠,可减少对母、仔的刺激,适用于不同情况的母猪。

(2) 仔猪断奶应注意的问题。

①断奶仔猪不换圈不混群。仔猪留在原圈内至少饲养1周的

时间，不要在断奶时把几窝仔猪并栏饲养，以免造成仔猪受断奶、咬架的双重应激。

②断奶时继续使用补料时的饲料，不换料。根据猪的生长情况再逐步过渡到小猪料。

③断奶前4~6天开始控制哺乳次数，由第1天的4~5次逐渐减少至完全断奶，使母、仔均有适应过程。

④断奶期间要始终保证饮水清洁，栏内要经常打扫、消毒，保持干燥、卫生。同时避免称重去势、注射疫苗等造成对仔猪的刺激。

⑤在饲料中增加维生素E的供给，以提高仔猪的抗应激能力。

⑥断奶后1周猪舍温度应由原来的22℃左右提高到30℃左右。

123. 怎样给仔猪补料？

仔猪出生后不久便迅速生长发育，体重直线上升，营养需要量增加，而母猪产后3周达泌乳高峰后，泌乳量就逐渐下降，这样营养供需发生了矛盾，仔猪的生长发育光靠母乳已不能满足需要。因此，只有给仔猪进行早期补料才能补上母猪供应不足的那部分营养，同时还能使仔猪的消化器官与功能得到锻炼，促进胃肠的发育与功能的健全。给哺乳仔猪进行科学早期补饲有以下几方面的好处：一是可以提高仔猪断奶窝重和经济效益；二是可以增强仔猪的抗病力，提高成活率；三是可以提早给仔猪断奶，促进母猪早发情、早配种，提高母猪的繁殖率。给哺乳仔猪补料要把握以下几点。

（1）及早诱食。诱食先要诱水，仔猪3~5日龄时，把饮水嘴里加一垫圈，或在鸭嘴式饮水器的螺杆边嵌入一粒豆子，使之有一点点缝隙不能复原，有水滴出，诱导仔猪舔食滴水。7日龄以后开始诱食。采用的诱食饲料应是适口性强、易消化、最佳蛋白比及能量高的饲料。如以乳清粉、血浆蛋白粉、优质鱼粉及加热膨化的大豆为主，富含维生素、矿物质及微量元素制成的全价配合颗粒饲料。

（2）补料诱食要有耐心，时间要选在仔猪活动最活跃的时候，一般以早上7:00~9:00，下午2:00~3:00为好。将补料槽放在保暖箱及离母猪近处，仔猪很容易找到的地方。

（3）使用微生态制剂诱导。微生态制剂味香甜，仔猪不但喜食，而且食后不仅可使仔猪肠道正常菌群占优势，抵抗病原微生物的侵入和增殖，并能在体内产生有益菌，有防治腹泻的功效，同时又可以避免大量或长期使用抗生素产生耐药菌株，诱食期某些制剂可直接投入补料槽中让仔猪拱食。

（4）圆形补料槽效果好。仔猪喜欢竞争，尤其是采食时常头对头抢夺食物。使用圆形补料槽补料能提高仔猪的采食欲望，增加仔猪的食料量。

（5）强制诱食。在母猪泌乳量高、仔猪恋乳不愿提早吃料的情况下，必须采取强制措施，即将诱食饲料用温水调成糊状，填鸭式地抹在仔猪嘴里，每窝可挑选几头进行，仔猪有很强的模仿性，同窝仔猪只要有少数仔猪开食，其他仔猪会很快学会。

（6）少给勤添。添加饲料的目的是为了仔猪吃好。当供应充足时，过量添加不但不能提高仔猪的采食量，而且还造成浪费。添加量应根据仔猪的采食量决定，少量多次添加。

124. 断奶仔猪转群有哪些注意事项？

仔猪断奶后，身体处于非常脆弱的时期，母源抗体的消失，使猪对许多疾病没有抵抗力。消化能力差，对饲料要求相当高。环境不适，更容易使仔猪的抗病能力减弱。这些因素都可能使断奶仔猪转群时遇到麻烦。所以断奶仔猪转到保育舍后，经常出现

六、仔猪高效养殖饲养管理技术

腹泻、掉膘、高热病、呼吸道疾病等情况,带来的损失相当大。因此,把握好断奶仔猪转群环节,需要做好以下几点:

(1) 创造无病环境。实行"全进全出",在仔猪进入之前,对猪舍进行严格的清理消毒。如果猪舍没有任何病原,那仔猪进舍后也就很难感染各种传染病。

(2) 严把进舍猪质量关。实行"优进全出",也就是有问题的猪一个也不能进,包括体重小的、体质弱的、有病的猪。

(3) 适宜的温度。温度的把握要根据产房与保育舍的环境变化考虑。如果保育舍与产房条件相似,有保温箱和烤灯,则可以维持原先的环境条件,或者是温度提高 1~2℃。如果产房有保温箱,而保育舍没有,则保育舍的温度则要提高。相对于 28 日龄断奶转群的仔猪,有铺板的可将舍温控制在 25~26℃。没有铺板的,则温度可提高到 27~28℃。如果是水泥地面,而且没有铺板,则温度还要更高些。如果水泥地面潮湿,那解决的措施就不只是提高温度问题了,铺垫料是最好的办法。

(4) 饲料。饲料尽可能保持转群前的饲料。

(5) 饮水。饮水有两点应注意,一是要使用一个缓冲装置,使水温与舍温接近;二是水中添加抗应激药物,以减轻转群过程中的各种应激。

(6) 光照。要维持产房时的光照程序,如果产房是全天光照,保育舍也要先全天光照,而后逐渐减少。需要注意的是产房尽管晚上不开灯,但有保温灯,也就相当于有光照,保育舍如果没有烤灯时,也要采用全天光照,以免晚上仔猪不采食。

(7) 密切观察。包括仔猪的采食量、精神状态、粪便情况、皮毛颜色变化等,发现问题及时上报处理。

125. 仔猪什么时候去势更合适?

仔猪去势应在 7~10 日龄时进行为宜。去势日龄过早,睾丸小且易碎,不易操作;去势过晚,不但出血多,伤口不易愈合而且仔猪会表现出明显的疼痛症状,应激反应剧烈,影响仔猪的正常采食和生长。生产中很多养殖场在仔猪15日龄时去势,但此时去势不妥,因为仔猪15日龄时通过初乳获得的母源抗体开始下降,而仔猪自身的免疫机制尚未健全,趋于免疫低谷,若此时阉割去势,病原通过伤口极易感染,引发疫病。而7~10日龄时,仔猪处于母源抗体的保护之中,此时去势,易操作,应激反应相对小,出血量少,不易感染疫病。

126. 仔猪去势的技术要点有哪些?

育肥用的仔猪,到一定时间,要将其睾丸阉割掉,以加快其长势。这样可以促进仔猪生长,减少打斗及改善猪肉品质。但在去势过程中,往往会因操作不当造成仔猪感染发病甚至死亡。因此仔猪去势要注意以下几点。

(1) 保定。在保定小公猪时,术者右手握住猪的右后肢,左手抓住右侧膝前皱襞,使其左侧卧,背向术者。以左脚踩住颈部,右脚踩住尾巴进行保定。

(2) 把握阴囊,固定睾丸。阴囊部剪毛,用3%来苏儿清洗消毒,再用5%碘酊消毒整个阴囊。术者以左手拇指与食指把握阴囊,以其余手指压紧右后肢,并挤压睾丸,将睾丸挤向阴囊底部,使阴囊壁绷紧,固定睾丸。

(3) 确定切口。术者右手持刀,于上侧睾丸处与阴囊缝平行切开阴囊壁,直达睾丸固有鞘膜,挤出睾丸。

(4) 刮断精索,摘除睾丸。挤出睾丸后,左手拇、食指捏住睾丸,右手拇、食指撕开或剪开、割开鞘膜韧带,牵引睾丸并捻转数周,以拇、食指的尖端沿精索滑动挤搓,切断精索,摘除睾丸。同法,仍在原切口内,在阴囊纵隔上,做一个切口,挤出另一侧睾丸,按同样方法摘除睾丸。

(5) 切口处理。将切口内的污血、液体等清理后，撒上磺胺粉，用5%碘酊消毒切口及其周围，同时将包皮内的积液挤出，解除保定，让其自由活动。

127. 如何养好保育猪？

从断奶到70日龄左右的猪称为保育猪。加强保育猪的饲养管理，可以提高商品猪的健康状况，提高成活率，同样可提高保育猪的期末体重，进而提高出栏体重，缩短饲养周期，增加经济效益。

（1）栏舍消毒。断奶仔猪进入保育舍前，要对保育舍内、外进行彻底清扫、洗刷和消毒，杀灭细菌。仔猪进入保育舍后，要定期消毒（每周2~3次），及时清理粪尿等污物。

（2）分群与调教。在分群时按照"维持原窝同圈、大小体重相近"的原则进行，个体太小和太弱的单独分群饲养，以减少因相互咬斗而造成的伤害，有利于仔猪情绪稳定和生长发育。要做好仔猪的调教工作，仔猪进保育舍后，前几天饲养员要调教仔猪区分睡卧区和排泄区。

（3）保持适宜的饲养密度。规模化猪场要求保育舍每圈饲养仔猪15~20头，最多不超过25头。圈舍采用漏缝或半漏缝地板，每头仔猪面积为0.3~0.5平方米。

（4）创造一个良好、舒适的生活环境。刚断奶仔猪一般要求舍内温度30℃，以后每周降3~4℃，直至降到22~24℃。最适宜的相对湿度为65%~75%。

（5）供给充足清洁的饮水。在断奶后7~10天内的饮水中加入葡萄糖、钾盐、钠盐等电解质或维生素等药物，以提高仔猪的抵抗力，促使仔猪采食和生长，防止仔猪喝脏水引起腹泻。

（6）加强饲养管理。断奶后5~6天内要控制仔猪采食量，以喂七八成饱为宜，实行少喂多餐（一昼夜喂6~8次），逐渐过渡到自由采食。投喂饲料量总的原则是在不发生营养性腹泻的前提下，尽量让仔猪多采食。不同日龄喂给不同的饲料，当仔猪刚进入保育舍后，先用代乳料饲喂1周左右，以减少饲料变化引起的应激，然后逐渐过渡到保育料。饲料要妥善保管，要等料槽中的饲料吃完后再加料，以保证饲料新鲜，防止发霉。

（7）做好免疫注射和驱虫工作。在保育舍内不要接种过多的疫苗，主要是接种猪瘟、猪伪狂犬病以及口蹄疫疫苗等；驱虫主要包括驱除蛔虫、疥螨、虱、线虫等体内外寄生虫，驱虫时间以35~40日龄为宜。体内寄生虫用阿维菌素按每千克体重0.2毫克或左旋咪唑按每千克体重10毫克拌料，于早晨喂服，隔天早晨再喂一次。体外寄生虫用12.5%的双甲脒乳剂对水喷洒猪体。

七、育肥猪高效养殖饲养管理技术

128. 育肥猪生长发育有何规律？

根据育肥猪的生理特点和发育规律，我们按猪的体重将其生长过程划分为两个阶段，即生长期和育肥期。

（1）生长期。体重20~60千克为生长期。此阶段猪的机体各组织、器官的生长发育功能不很完善，尤其是刚刚20千克体重的猪，其消化系统的功能较弱，消化液中某些有效成分不能满足猪的需要，影响了营养物质的吸收和利用，并且此时猪只胃的容积较小，神经系统和机体对外界环境的抵抗力也正处于逐步完善阶段。这个阶段主要是骨骼和肌肉的生长，而脂肪的增长比较缓慢。

（2）育肥期。体重60千克至出栏为育肥期。此阶段猪的各器官、系统的功能都在逐渐完善，尤其是消化系统有了很大发展，对各种饲料的消化吸收能力都有很大改善；神经系统和机体对外界的抵抗力也逐步提高，能够快速适应周围温度、湿度等环境因素的变化。此阶段的猪脂肪组织生长旺盛，肌肉和骨骼的生长较为缓慢。

129. 育肥猪的营养需要有何特点？

生长育肥猪的经济效益主要是通过生长速度、饲料利用率和瘦肉率来体现的。因此，要根据生长育肥猪的营养需要配制合理的日粮，以最大限度地提高瘦肉率和肉料比。

一般情况下，猪日采食能量越多，日增重越快，饲料利用率越高，沉积脂肪也越多。但此时瘦肉率降低，胴体品质变差。育肥猪蛋白质的需要更为复杂，为了获得最佳的育肥效果，不仅要满足蛋白质量的需求，还要考虑必需氨基酸之间的平衡和利用率。能量越高胴体品质越差，适宜的蛋白质能够改善猪胴体品质，这就要求日粮具有适宜的能量蛋白比。由于猪是单胃杂食动物，对饲料粗纤维的利用率很有限，研究表明，在一定条件下，随饲料粗纤维水平的提高，能量摄入量减少，增重速度和饲料利用率降低。

因此，猪日粮粗纤维不宜过高，育肥期应低于8%。矿物质和维生素是猪正常生长和发育不可缺少的营养物质，长期过量或不足，将导致猪机体代谢紊乱，轻者增重减慢，严重的发生缺乏症或死亡。生长期为满足肌肉和骨骼的快速增长，要求能量、蛋白质、钙和磷的水平较高，饲粮含消化能12.97~13.97兆焦/千克，粗蛋白水平为16%~18%，适宜的能量蛋白比为188.28~217.57克/兆焦，钙0.50%~0.55%，磷0.41%~0.46%，赖氨酸0.56%~0.64%，蛋氨酸+胱氨酸0.37%~0.42%。育肥期特别要控制能量供给，减少脂肪沉积，饲粮含消化能12.30~12.97兆焦/千克，粗蛋白水平为13%~15%，适宜的能量蛋白比为188.28克/兆焦，钙0.46%，磷0.37%，赖氨酸0.52%，蛋氨酸+胱氨酸0.28%。

130. 猪育肥前要做哪些准备工作？

猪育肥前的准备工作一般包括圈舍消毒、选择优良仔猪、预防接种、驱虫等。

（1）圈舍消毒。在进猪之前，应将圈舍进行维修，并清扫干净，彻底消毒。可用2%～3%的氢氧化钠水溶液喷雾消毒，墙壁用20%石灰乳粉洗刷消毒。

（2）选择优良仔猪。要选择优良杂交组合、体重大、活泼、健康的仔猪进行育肥。

（3）预防接种。自繁仔猪应按兽医规程进行猪瘟、猪丹毒、猪肺疫及仔猪副伤寒等疫苗预防接种。外购仔猪，特别是从交易市场购进的仔猪，进场后必须全部进行一次预防接种，以免暴发传染病造成损失。

（4）驱虫。猪的体内寄生虫，以蛔虫感染最普遍，主要危害3～6个月龄的猪。常选用四咪唑、左旋咪唑等药物驱除。体外寄生虫，以猪疥螨为最常见，对猪的危害也较大，常用2%敌百虫水溶液遍体喷雾，同时更换垫草，一次不愈，间隔一周再喷一次，猪栏和猪能触到的地方同时喷雾。

131. 育肥猪对环境条件有何要求？

猪在育肥期，圈养密度大，饲养周期短，因而对环境条件的要求比较严格。只有创造适宜的小气候环境，才能保证生长育肥猪食欲旺盛，增重快，耗料少，发病率和死亡率低，从而获得较高的经济效益。

（1）温度。体重60千克以前为16～22℃；体重60～90千克为14～20℃；体重100千克以上为12～16℃。

（2）湿度。湿度过高或过低对生长育肥猪均有影响。当高温高湿时，猪体散热困难，猪感到更加闷热；当低温高湿时，猪体散热量显著增加，猪感到更冷，而且高湿环境有利于病原微生物的繁殖，使猪易患疥癣、湿疹等皮肤病。反之，空气干燥，湿度低，容易诱发猪的呼吸道疾病。猪舍适宜的相对湿度为60%～70%。

（3）光照。在一般情况下，光照对猪的育肥影响不大。育肥猪舍的光线只要不影响猪的采食和便于饲养管理操作即可。尤其要注意,不宜给育肥猪强烈的光照,以免影响育肥猪的休息和睡眠。

(4) 有害气体。由于粪尿、饲料、垫草的发酵或腐败,经常分解氨气、硫化氢等有毒气体,而猪的呼吸又会排出大量的二氧化碳。如果猪舍内二氧化碳的浓度过高,会使猪的食欲减退、体质下降、增重缓慢;如果猪舍内氨气和硫化氢浓度过高,刺激和破坏黏膜、结膜,会诱发多种疾病。因此,猪舍内要经常注意通风,及时处理猪粪尿和脏物,并注意合适的圈养密度。

(5) 圈养密度。如果圈养密度过高,群体过大,可导致猪群居住环境变劣,猪只之间冲突增加,食欲下降,采食减少,生长缓慢,猪群发育不整齐,易患各种疾病。在一般情况下,圈养密度以每头生长育肥猪占 0.8~1.0 平方米为宜,猪群规模以每群 6~10 头为佳。

132. 育肥猪的饲养管理要点有哪些?

猪的育肥期是最好饲养管理的阶段,其生产性能的发挥决定着一个猪场的盈利多少。但一般情况下,猪场往往不重视对育肥猪的管理,而把主要精力集中在母猪、种猪或哺乳仔猪上。大部分猪场育肥猪舍设施最简单,饲料的营养价值也最低,导致育肥猪生长速度缓慢和发病率提高。因此,应注意把握好以下几个问题:

(1) 日粮搭配多样化。猪只生长需要各种营养物质,单一饲粮往往营养不全面,不能满足生长发育的要求。多种饲料搭配应用可以发挥蛋白质及其他营养物质的互补作用,从而提高营养物质的消化率和利用率。

(2) 饲喂定时、定量、定质。定时指每天喂猪的时间和次数要固定,这样不仅使猪的生活有规律,而且有利于消化液的分泌,提高猪的食欲和饲料利用率。要根据具体饲料确定饲喂次数。精料为主时,每天喂2~3次即可。夏季昼长夜短,白天可增喂一次;冬季昼短夜长,应加喂一顿夜食。饲喂要定量,不要忽多忽少,以免影响食欲,降低饲料的消化率。要根据猪的食欲和生长阶段随时调整喂量,每次饲喂掌握在八九成饱为宜,使猪在每次饲喂时都能保持旺盛的食欲。饲料的种类和精、粗、青比例要保持相对稳定,不可变动太大,变换饲料时,要逐渐进行,使猪有个适应和习惯的过程,这样有利于提高猪的食欲以及饲料的消化利用率。

(3)掌握日粮的稀稠度。日粮调制过稀不仅影响唾液分泌,而且稀释胃液,影响饲料的消化。饲喂稀料使猪干物质进食量降低,同时排尿增加,消耗体热。因此,日粮调制以稠些为好,一般料水比为1:1。冬季应适当稠些,夏季可适当稀些。

(4)饲养方式。饲养方式可分为自由采食与限制饲喂两种,自由采食有利于日增重,但猪体脂肪量多,胴体品质较差。限制饲喂可提高饲料利用率和猪体瘦肉率,但增重不如自由采食快。

(5)饲料品质。饲料品质不仅影响猪的增重和饲料利用率,而且影响胴体品质。猪是单胃杂食动物,饲料中的不饱和脂肪酸直接沉积于体脂,使猪体脂变软,不利于长期保存。因此,在肉猪出栏上市前两个月应该用含不饱和脂肪酸少的饲料,防止产生软脂。

(6)合理分群。要根据猪的品种、性别、体重和吃食情况进行合理分群,以保证猪的生长发育均匀。分群时,一般掌握留弱不留强、夜合昼不合的原则。分群后经过一段时间饲养,要随时进行调整分群。

(7)调教与卫生。从小就加强猪的调教,使其养成三点定位的习惯,使猪吃食、睡觉和排粪尿固定,这样既能够保持猪圈清洁卫生,又有利于垫土积肥,减轻饲养员的劳动强度。猪圈应每天打扫,猪体要经常刷拭,这样既减少猪病,又有利于提高猪的日增重和饲料利用率。

(8) 防寒与防暑。温度过低时,猪用于维持体温的热能增多,使日增重下降;温度过高,猪食欲下降,代谢增强,饲料利用率也降低。因此,夏季要做好防暑工作,增加饮水量;冬季要喂温食,必要时修建暖圈。

(9) 去势、驱虫与防疫。猪去势后,性器官停止发育,性功能停止活动,猪表现安静,食欲增强,同化作用加强,脂肪沉积能力增加,日增重可提高7%~10%,饲料利用率也相应提高,而且肉质细嫩、味美、无异味。育肥期驱虫一次,驱虫后可提高增重和饲料利用率。另外,要按照一定的免疫程序定期进行疾病预防工作,注意疫情监测,及时发现病情。

(10) 防止育肥猪过度运动。生长猪在育肥过程中,应防止过度的运动,特别是激烈的争斗或追赶,过度运动不仅消耗体内能量,更严重的是容易使猪患上一种应激综合征,突然出现痉挛,四肢僵硬,严重时造成猪只死亡。

(11) 供给充足清洁的饮水。水是调节体温、饲料营养的消化吸收和剩余物排泄过程不可缺少的物质,水质不良会带入许多病原体,因此既要保证水量充足,又要保证水质。实际生产中,切忌以稀料代替饮水,否则会造成不必要的饲料浪费。

133. 提高育肥猪出栏率的有效措施有哪些?

为了提高育肥猪的出栏率,缩短养猪周期,增加养猪经济效益,在育肥猪生产上应抓好以下几项技术措施。

(1) 充分利用杂种优势。不同品种杂交所得到的杂种猪,比纯种亲本具有更强的生命力,而且在生长育肥过程中,具有好喂养、生长快、抗病力强和育肥周期短等优点。三元杂交组合所获得的杂交优势大于二元杂交组合;外三元杂交组合大于内三元杂交组合。目前国内大多采用长白与大约克组合的二元母猪与杜

七、育肥猪高效养殖饲养管理技术

洛克、皮特兰、斯格等公猪杂交的模式,以获得最佳的三元杂交猪。

(2) 提供优良的生长环境。育肥猪舍要清洁干燥、通风良好、空气新鲜,冬季有利于保温,夏季有利于散热。猪舍的温度应加以控制,仔猪 20~30℃,成猪 15~20℃为宜;相对湿度 50%~55%。这样的环境条件有利于猪的生长发育,增重快,饲料利用率高。高温高湿、低温高湿及环境卫生差,易引起猪日增重下降,饲料利用率低及发生各种疫病。

(3) 提供优质的饲料。育肥猪的能量水平一般应为 12.9~14.3 兆焦/千克,蛋白质水平为 17.8%~22.4%,粗纤维仔猪不超过 5%,大猪不超过 8%。饲养标准要根据猪的体重和生长发育的不同阶段,调制不同的日粮,以满足猪各阶段的营养需求。

(4) 科学的饲养方法。按照体重大小、强弱合理分群,一般以每头育肥猪占 0.8~1 平方米为宜,冬密夏疏。调教仔猪吃、拉、睡三定位,养成良好习惯。育肥猪在 60 千克以前,让其自由采食,充分发挥育肥猪前期增重快的生产潜能;60 千克至出栏前,采用适当的限制饲喂,以限制脂肪的沉积。一般限制自由采食的 20% 为宜。育肥猪以自由饮水为好,水质清洁干净,冬季饮温水。

(5) 科学的防疫与消毒。要定期驱除体内外寄生虫。按照免疫程序做好猪瘟、猪丹毒、猪肺疫、仔猪副伤寒、口蹄疫等疫苗接种工作。定期对圈舍、槽具等工具进行消毒。圈门前放置生石灰,进出人员脚底消毒。

134. 育肥猪延期出栏的原因有哪些?

养猪生产过程中,育肥猪不能在有效生长天数内达到预期体重而延长育肥期,导致饲养成本增加,减少养殖利润。这种情况是由环境、品种、饲料、管理、疾病等因素而造成。

（1）仔猪的初生重和断奶重影响。仔猪的初生重和断奶重与其育肥期间的增重呈正相关。断奶期仔猪体重大，不但增重快，而且在育肥期间死亡率也低。在生产中经常发现那些小而瘦弱的仔猪，在育肥期中易患病，甚至中途死亡。

（2）品种影响。猪的品种不同，育肥效果也不相同。一般瘦肉型品种增重快，饲养周期短，饲料利用率高。在瘦肉猪生产中，配套系商品猪以及三元杂交猪出栏快，育肥期短；而本地品种或内三元猪生长速度要慢一些。良种猪正常条件下在150～160日龄均能达到出栏体重100千克，而非良种猪由于性成熟、体成熟比较早，过早地沉积脂肪，后期生长速度减慢，不能按时出栏。

（3）饲料和营养。营养水平对猪的日增重、饲料利用率和胴体品质都有明显的影响。饲料质量低劣、营养不全、营养失调或吸收率低的饲料都会导致猪不能达到预期日增重。如原料粉碎时颗粒不能过大或过小，过大时，猪只难以消化，造成下痢；猪饲料中粗纤维含量高，育肥猪饲料利用率就会下降，育肥期相应延长；饲料中添加过多的不饱和脂肪酸，特别是腐败脂肪酸导致维生素破坏，玉米含量过高，铜的含量过高，缺乏维生素A、维生素E、维生素B_1，均可诱发猪的胃溃疡、营养元素之间的拮抗作用和其他一些疾病；饲料的蛋白质水平降低，氨基酸的水平又没有达到平衡，将很大程度影响后期的增重。

（4）管理不科学。饲养管理制度不健全或不严格执行所定制度，都会造成母猪产弱仔、哺乳仔猪不健壮、育肥猪不健康，从而影响生长。如初产母猪配种过早或母猪胎次过高都可能生产弱仔；环境卫生差、通风不良、温度过高或过低、消毒措施不严格、防疫体系不健全，常导致猪只发育不整齐、体质差、易得病。在冬季如果既无采暖设备也无保温措施，就容易导致舍内温度过低，圈舍潮湿阴冷，饲料冷冻；在夏季如果无降温设备和通风设施，就容易导致舍内温度过高，湿度过大，氨气过浓等，都会引起猪只消化系统或呼吸道疾病，影响育肥猪的生长发育。

（5）疫病的影响。为了预防疾病，在饲料中经常性的投药，而导致猪群的抗药性增强，体内有益菌减少，影响营养元素的吸收，阻碍了机体后期的正常生长发育。特别是生长育肥猪前期如有肺脏的损伤，而致使在后期的生长过程中肺脏的呼吸面积减小，不能提供足够的氧气来维持正常的生理需要，从而影响后期的生长速度。另外，寄生虫病也是影响猪只生长的一个主要因素。还有些猪场不注重整体卫生防疫和消毒，不重视疫苗预防，导致猪容易患病影响其生长甚至死亡。

因此，在实际生产当中，一定要尽量避免或减少上述因素引起的后果，从而提高养猪场经济效益。

135. 如何把握育肥猪的出栏时机？

育肥猪生长一般前期增重慢，中期增重快，后期增重又变慢。为获得最佳的经济效益，育肥猪适宜的出栏时间应根据猪的日增重速度、饲料报酬来确定。过早出栏，瘦肉率虽然高，但屠宰率低，产肉量少，也是猪生长最快时期，所以不经济。如果屠宰太晚，虽出肉率较高，但脂肪增多，瘦肉比例下降，与市场要求不符。研究表明，猪体重在10~68千克时，日增重随体重增加而上升；体重在68~110千克时，日增重不会随体重增加而上升；体重超过110千克，日增重开始下降；体重200~250千克时，日增重仅为最高日增重的50%，且每增加1千克的耗料最多。因此，瘦肉猪以90~110千克出栏为宜。我国的一些小型早熟品种以75千克出栏为宜，晚熟品种以90~110千克为宜。

八、高效养猪生物安全控制技术

136. 生物安全对高效养猪生产有何重要意义?

规模化养猪生产中发生疫病的种类、疫情的复杂程度不断加剧,继发感染、混合感染严重。同时,存在着免疫抑制性疾病,只靠药物治疗和疫苗预防已经不能解决问题,推行健康养殖,建立生物安全体系,已成为有效控制疾病的基础。

生物安全体系主要着眼于为畜禽生长提供一个舒适的生活环境,阻断致病病原(病毒、细菌、真菌、寄生虫)侵入畜(禽)群体,为保证畜禽等动物健康安全而采取的一系列疫病综合防范措施,是比较经济、有效的疫病控制手段。通过建立生物安全体系,采取严格的隔离、消毒和防疫措施,降低和消除猪场内污染的病原微生物,减少或杜绝猪群的外源性继发感染机会,从根本上减少依赖疫苗和药物,实现预防和控制疫病的目的。

目前,针对现代化饲养管理体系下疫病控制的新特点,生物安全已经和药物治疗、疫苗免疫等共同组成了疫病控制的三角体系,通过生物安全的有效实施,可为药物治疗和疫苗免疫提供一个良好的应用环境,获得药物治疗和疫苗免疫的最佳效果,进而减少在饲养过程中药物的使用。

137. 对待猪病为什么要树立"养重于防"的理念？

近几年来，猪病日趋繁杂，病原体不断发生变异，致病力增强，多病原混合感染并继发感染，细菌性疾病与免疫抑制性疾病在猪群中广泛存在，猪群疾病呈现非典型化的趋势。规模化猪场为了控制猪群疾病的发生，大量使用疫苗、抗生素，猪的自身免疫系统受到严重破坏，猪病越来越难以控制。所以，现在应该重提"养重于防"这一理念，建立生物安全体系，尽量满足猪的福利需要，尊重猪的自然习性，为猪群创造一个良好的生长和繁育条件，让猪最大限度地发挥自己的生物潜力，应对一切可能的侵害，最大限度地取得优质高效的回报。动物要健康生存，自身的抗病潜力是基础，生产管理体系是必备条件，营养、饲养是关键。增强猪的抗病能力、适应能力，发挥出生产潜力，生产出绿色猪肉，创造出更大效益就显得特别重要。

138. 怎样控制病原微生物在场内传播？

场内控制病原扩散的生物安全措施是猪场生物安全体系重要组成部分，其控制措施如下：

（1）猪舍的建造布局合理，出入生产区内污区和净区严格控制，同时做好粪便和死猪处理。工作人员从生产区的污区进入净区，更换净区衣服鞋帽（或更换胶鞋）或脚底经过交界处的3%~5%氢氧化钠脚浴消毒盆，反之亦然；净区物品和生产工具的清洗消毒均在净区中进行，禁止进入污区；污区物品须经充分消毒后才能进入净区；各阶段生产工具和物品专舍专用，禁止混用。

（2）单一种源管理。在种猪引进时，应选择健康等级高于本场的种猪场作为后备种猪更新来源，禁止从不明健康状况和健康等级低于本场的种猪场引种。引种前要根据实验室监测结果确定本场引种的最佳时机，了解种源提供场的健康状况。即使是单一种源（包括本场自留后备母猪），混入基础母猪群前必须经过一定时间的隔离适应。

（3）处理好猪场粪便和污水，人员来往，车辆和特殊物品管理，做好周围免疫等，可以防止猪场内的病原微生物（包括寄生虫）传播扩散到其他猪场。

139. 猪场必须建立的卫生防疫制度有哪些？

许多规模化养猪场逐步认识到，防疫工作对猪群的健康很重要。建立健全防疫制度是做好日常防疫工作的前提。

（1）建立"全进全出"制度。猪场饲养的商品猪在整批全部出售后，要对猪舍和周围环境进行彻底消毒，再整批引入仔猪进行饲养。这样做有利于消灭病原，也有利于猪群的免疫和管理。

（2）建立消毒制度。除做好全进全出时的彻底消毒外，猪舍和外部环境要进行定期消毒，及时清除粪尿污物，保持地面洁净。猪舍要通风良好，及时排出有害的气体。产房和仔猪舍在使用前要用喷灯火焰或福尔马林熏蒸消毒。

（3）建立检疫制度。对种公猪和母猪，要结合当地疫情进行定期检疫或临时检疫。若查出猪口蹄疫、猪水疱病、猪结核病、猪布氏杆菌等阳性病例，应按有关规定进行隔离，然后分别进行治疗、育肥、屠宰或扑杀淘汰，以确保种猪健康。对新购进的猪，要查购进地兽医部门的预防注射证明和检疫证明，隔离观察一段时间，经过免疫注射，确认健康后方能进入饲养区。

（4）建立预防接种制度。规模养猪场要根据兽医的安排，保质保量地实施好程序化免疫工作，以提高猪的抗病能力。

（5）建立定期灭虫、灭鼠制度。生产区内要定期灭虫、灭鼠，禁止养猫、犬和其他动物，以防止传播疾病。

（6）建立疫病报告制度。规模养猪场要实行规范化管理，每栋猪舍内猪的数量、精神状况、发病死亡情况、饲料消耗、粪便性状，每天都应加以记录，发现有病猪、死猪，要及时向当地兽医部门报告，以便及早确诊，采取适当措施，减少损失。

140. 老鼠、蚊蝇对猪场有哪些危害？

在养猪生产中老鼠、蚊蝇对猪场的危害比较普遍，老鼠通常会破坏设施、偷盗饲料，蚊蝇则严重干扰猪场猪只的正常休息，影响猪群生长发育，使生猪生产性能下降。老鼠与蚊蝇是养猪场传播疾病的重要媒介，因此老鼠与蚊蝇防控应作为规模化猪场生物安全体系的重要环节。

（1）老鼠、蚊蝇对猪场的危害。

①老鼠的危害：老鼠在日常活动中常常携带多种病原微生物与寄生虫，如伪狂犬病病毒、弓形虫、乙脑病毒等。鼠类传播疾病主要是由携带病原的鼠类在盗食饲料时污染饲料，造成某些消化道疾病的感染和流行；鼠类还能传播鼠疫、流行性出血热和钩端螺旋体病等多种疾病。偷盗饲料造成猪场饲料损失，猪场里的老鼠要消耗大量饲料，1只老鼠1天吃进的食物有50~100克。据报道，1只老鼠在仓库里存留1年可吃掉12千克粮食，排泄2.5万粒鼠粪，约损失40千克粮食。老鼠牙齿较长，爱啃咬硬物，常损坏场内的木质门窗、工具、衣物，咬坏饲料袋、电线、电缆和塑料管，给猪场造成较大的经济损失。

②蚊蝇的危害：夏季猪群受蚊蝇叮咬，猪只躁动不安，得不到休息，影响猪群生长发育与饲料报酬，此外猪只被蚊蝇叮咬，皮肤出现过敏、红肿等症状，导致猪只抵抗力下降，影响猪的生长。传播多种疾病，蚊蝇由于来自粪污处，身上可黏附多种细菌与病毒，因而蚊蝇可传播多种疾病。如高致病性猪蓝耳病、口蹄疫、猪瘟、圆环病毒病、伪狂犬病、传染性胃肠炎、猪乙型脑

炎、乳房炎、链球菌性脑炎、猪丹毒、巴氏杆菌病、布鲁杆菌病、疥螨病、球虫病、猪弓形虫病及其他血液寄生虫病等。

(2) 消灭蚊蝇的有效措施。猪场周围可栽植绿化树木、多年生美化花草，还可在室内摆放盛开的夜来香、食虫草等达到净化环境、驱赶蚊蝇的目的。猪场要搞好舍内外的清洁卫生，清洗食槽、水槽，及时清除舍内地面及排粪沟中的积粪、积水和垃圾，加强通风换气，保持舍内干燥干净。在蚊蝇数量较多时，可选用无毒或是毒性较小的药剂，杀灭蚊蝇，做到既能有效杀灭蚊蝇，又能确保生猪的正常生长发育。最好选择多种不同种类的药物制剂轮换使用，防止产生耐药性。也可安装橘红色灯泡，或用透光的橘红色玻璃纸套在灯泡上，开灯后蚊子因惧怕橘红色光线会驱避逃离。另外，可使用高科技产品防蚊灭蚊，如紫外线灭蚊灯、仿生灭蚊器、光触媒灭蚊器、电子捕蚊器等产品，经济实用、绿色环保、安全有效。

(3) 消灭老鼠的有效措施。猪舍建筑要求墙基、地面、门窗等方面坚固，一旦发现洞穴立即封堵，及时清除残留的饲料和生活垃圾。猪场可采用器械灭鼠，常用的器械有鼠夹和电子捕鼠器，但要注意器械经常清洗。目前，化学灭鼠法在规模化猪场比较常用，优点是见效快、成本低，缺点是容易引起人畜中毒。因此选择灭鼠药要选择对人畜安全的低毒的药物，并且设专人负责撒药布阵、捡鼠尸，撒药时要考虑鼠的生活习性，有针对性地选择鼠洞、鼠道。

141. 养猪场为什么不能养猫防鼠？

猫是老鼠的天敌，用猫灭鼠是常用的方法。但是对于猪场而言，用猫来灭鼠是极其危险的。因为，猫身上带有许多病菌、病毒，而且它是弓形体原虫的真正宿主，猪又是这种原虫寄生的对象，猪感染后，能引起弓形虫病。这种原虫在猫小肠中进行球虫

八、高效养猪生物安全控制技术

性发育繁殖,形成卵巢排出后遇到适合的条件,经过数天发育成具有传染性的孢子。猪吃了即感染发病,先减食后不吃,没精神,全身打战,咳嗽,鼻、耳、四肢发紫,声音嘶哑,类似猪瘟的症状,感染后发病率达45%,致死率在22.5%以上。母猪食入后能从胎盘、子宫、产道和初乳垂直感染仔猪。健康的仔猪也可经呼吸道黏膜或吃了病猫污染的饲料或饮水都可感染发病。所以,养猪场不但不能养猫,平时还要加强防疫,防止野猫进圈接触猪与饲料,凡是被污染的饲料、饮水、场地和物品都要用1%的氨水彻底消毒。特别要防止野猫和其粪便污染猪舍、饲料和饲草、饮水以及垫草等,以保证猪不被猫的弓形体原虫感染。

142. 猪场常用的高效消毒剂有哪些?

消毒药品种类繁多,按其性质可分为醇类、碘类、酸类、碱类、卤素类、酚类、氧化剂类、挥发性烷化剂类等,猪场常用的消毒剂主要介绍以下几种:

①氢氧化钠(又称苛性钠、烧碱或火碱):是一种强碱性高效消毒药,对细菌、芽孢和病毒都有很强的杀灭作用,也可杀死某些寄生虫卵。2%氢氧化钠溶液用于猪舍、饲具、运输车、船的消毒。3%~5%的氢氧化钠溶液用于炭疽芽孢污染场地的消毒。对猪舍消毒时,应先将猪赶出猪舍,间隔12小时后,用水冲洗食槽、地面后,方可让猪进舍。用火碱消毒有以下缺点:无表面活性作用;会灼伤皮肤、眼睛、呼吸道和消化道;易吸潮,导致结块、失效;腐蚀金属,破坏环境;只能用于空舍消毒;澳大利亚兽医防疫计划规定不能用于部分烈性传染病;美国农业部不推荐用于非洲猪瘟和典型猪瘟;英国农业渔业食品部仅允许用于猪水疱病。

②石灰(生石灰):属碱类消毒剂,主要成分是氧化钙,加水即成氢氧化钙,俗名熟石灰或消石灰。加水配制成10%~

20%石灰乳,用于猪舍、栏杆和地面的消毒。将氧化钙1 000克加水350毫升,生成消石灰粉末,可撒布于阴湿地面(猪场大门处)、粪池周围和水沟处消毒。据报道,在患腹泻的病猪喂干湿饲料的同时,让它大量饮用3%的生石灰水,一般2天就可治愈。采用此法第二天即可见病猪粪便由稀变为半干,第三天就可痊愈。3%石灰水配制法:用97千克清水加入3千克生石灰,拌匀,取上层清液即得。

③5%碘酒和碘甘油:5%碘酒是用碘50克,加碘化钾10克、蒸馏水10毫升,将75%乙醇加至1 000毫升,充分溶解制成,用于猪手术部位和注射部位的消毒。小面积外伤消毒时,由中间向外周涂擦,然后用70%乙醇脱碘。碘甘油溶液是用碘50克、碘化钾100克,加甘油200毫升,用蒸馏水加至1 000毫升溶解制成,用于创伤、黏膜炎症和溃疡部位的消毒。500毫升水中加入2%碘酒3滴,15分钟内可杀灭水中的细菌,水无不良气味。

④70%乙醇:取无水乙醇70毫升,加蒸馏水至100毫升制成,用于手、注射器、体温计和某些外科手术器械的消毒,也可用于注射部位皮肤的消毒。

⑤来苏儿:是用煤酚溶于肥皂溶液中制成的50%煤酚皂溶液。用时加水稀释成2%来苏儿,用于洗手、皮肤和外伤的消毒。3%~5%来苏儿用于外科手术器械、猪舍、饲槽的消毒,也可用于内服治疗腹泻、便秘,一次内服2~3毫升,加水100~150毫升。因为毒副作用小,可以带猪消毒。

⑥高锰酸钾:本品是一种强氧化剂,对细菌、病毒具有杀灭作用。0.1%高锰酸钾溶液用于黏膜创伤、溃疡、深部化脓疮的冲洗消毒,也可用于洗胃,以解救生物碱和氰化物中毒。

⑦过氧化氢:常用3%溶液,本品通过有机物放出初生态氧,呈现杀菌作用。主要用于化脓创口、深部组织创伤及坏死灶

等的消毒。

⑧雷佛诺尔：常用0.1%雷佛诺尔溶液冲洗或湿敷感染疮。

⑨新洁尔灭：用0.1%溶液消毒手，浸泡消毒皮肤、外科手术器械和玻璃用具。用0.01%~0.05%溶液作阴道、膀胱黏膜及深部感染疮的冲洗消毒。用新洁尔灭时，不可与肥皂同用。浸泡器械时，应加入0.5%亚硝酸钠，以防生锈。

⑩消毒净：用0.1%溶液对手术前手臂消毒、手术部位皮肤消毒。用0.02%水溶液消毒病猪口、鼻、阴道和膀胱黏膜。

（11）龙胆紫（甲紫）：常用1%溶液，对皮肤和黏膜发炎感染、溃疡面及脓肿排出脓汁之后的消毒，对组织毒性小，无刺激性，有收敛拔干作用。

（12）过氧乙酸（过醋酸）：本品是一种强氧化剂，对病毒、细菌等有杀灭作用，在0℃以下低温时能同样杀灭病菌。0.1%溶液用于喷洒猪舍、地面、食槽、水槽、环境等消毒。可以喷雾，常用于带猪消毒，喷在猪身上，不会引起腐蚀和中毒。用时观察瓶签，一般为18%~20%溶液，按比例配制成0.1%溶液，现用现配，配制之后应尽快用完，更不能过夜。

（13）漂白粉（含氯石灰）：是一种白色粉末，带有剧烈氯气味，有很强的杀菌作用和除臭能力。10%~20%漂白粉溶液，用于猪舍、运输车、环境、粪便、土壤、污水等的消毒。1%~3%澄清液用于食槽、水槽、用具等的消毒。

（14）甲醛（40%甲醛溶液是福尔马林）：有极强的还原性，可使蛋白质变性，具有较强的杀菌作用。2%福尔马林用于器械消毒。猪舍熏蒸消毒，要求室温20℃，相对湿度60%~80%，门窗密闭，不许漏风。每立方米空间用福尔马林25毫升、水12.5毫升、高锰酸钾25克，先把福尔马林和水放进一个容器里，再加入高锰酸钾，甲醛蒸气迅速蒸发，人必须快速退出。消毒时间最好24小时以上。特别要注意先放福尔马林和水，后放高锰酸钾,按这个程序进行,不允许颠倒。

(15) 草木灰:草木灰 2 千克、水 10 千克混合,煮沸 2 小时,用麻袋等物滤过,备用。用时加 2 倍热水稀释,用于喷洒或涂擦猪舍地面、栏杆、用具、污染场地等的消毒。本品是一种碱性溶液,杀菌力很强。

143. 猪场如何进行带猪消毒?

带猪消毒不但能杀灭或减少猪只生存环境中的病原微生物,而且可以净化猪舍内的空气质量,夏季兼有降温作用,是控制疫病发生流行的重要手段,是猪场安全稳定生产的有效保证。那么怎样进行带猪消毒呢?

(1) 消毒前应彻底消除圈舍内猪只的分泌物及排泄物。这样不但可以减少猪舍环境中病原微生物的数量,还避免粪便中的有机物存在影响消毒效果。

(2) 选择合适的消毒设备。消毒设备的选择决定了喷雾消毒时消毒雾滴颗粒的大小,也决定了喷出的雾滴在空气中的悬浮时间,如果悬浮时间达不到 3~5 分钟,那么即便是使用目前杀毒速度最迅速的消毒剂也是没有作用的。大量的实验表明,选择 40~60 微米的雾滴颗粒对于成年猪和育肥猪是合适的;选择 60~80 微米的雾滴颗粒对于保育猪是合适的。在这个范围内基本可以保证消毒雾滴在空气中的停留时间可以达到 5 分钟以上,同时不会带来因雾滴太细进入仔猪肺泡而诱发呼吸道疾病的问题。

(3) 选择合适的消毒剂。选择消毒药时,不但要符合广谱、高效、稳定性好的特点,而且必须选择对猪只无刺激性或刺激性小、毒性低的药物。强酸、强碱及甲醛等刺激性腐蚀性强的药物,虽然对病原菌作用强烈、消毒效果好,但对猪只有害,不适宜作为带猪消毒的消毒剂。建议选用碘制剂,效果比较理想。

(4) 配制适宜的药物浓度和足够的溶液量。消毒液的浓度过低达不到消毒的效果,徒劳无功;浓度过大不但造成药物的浪费,而且对猪只有刺激性,毒性增强引起猪只的不适。必须根据使用说明书的要求,配制适宜的浓度。消毒时应使猪舍内物品及猪只等消毒对象达到完全湿润,否则消毒药粒子就不能与细菌或病毒等病原微生物直接接触而发挥作用。

(5)合适的消毒时间和频率。带猪消毒的时间应选择在每天中午气温较高时进行。一般情况下,舍内带猪消毒以每周一次为宜。在疫病流行期间或养猪场存在疫病流行的威胁时,应增加消毒次数,达到每周2~3次或隔日一次。

需要注意的是在带猪消毒的过程中,一定要让猪体、地面潮湿,以保证消毒效果,平常要保持干燥。猪如果总在潮湿的地面上,会损失大量热能,而且猪的腿关节也容易患上风湿病,从而影响猪的起卧和食欲。

144. 如何对全进全出的空猪舍消毒?

同一栋猪舍内所有猪只全部转出,在下一批猪只进来前,应对空栏猪舍进行彻底的消毒,以杀灭病原微生物,减少疾病传播。

(1)将栏舍内粪便、垃圾、杂物、尘埃等清扫干净,不留任何污物。污物是消毒的障碍,干净是消毒的基础。

(2)将栏舍用清水反复冲洗干净(实质是初步消毒)。如不冲洗干净就进行盲目消毒,那是浪费人力物力,收效甚微。

(3)采用消毒剂进行正式消毒。猪舍地坪可用3%~5%的氢氧化钠溶液洗刷消毒,待10~24小时后再用水冲洗一遍。墙面可用石灰水粉刷消毒。如果是钢结构的隔栏可涂刷防锈漆,既能防腐蚀,又能消毒。舍内空气可采用喷雾消毒法,气雾粒子越细越好。消毒剂选择复合酚类、强效碘、氯类均可。按标签推荐用量配制药剂,特殊时期、疫病流行期可适当加大浓度。

(4）消毒完毕后，栏舍地面必须干燥 3~5 天，整个消毒过程不少于 7 天。然后，组织转入新的猪群，进入下一生产周期，这样才能保证消毒效果。

145. 如何对外来车辆进行消毒？

外来车辆不能进入猪场，尤其是饲料车和收购生猪的车。非得进入的情况下，可以使用消毒液对车进行彻底消毒再进入。

（1）猪场门口应设立消毒池。消毒池长至少为轮胎周长的 1.5 倍，池宽与猪场入口相同，池内药液高度不小于 15 厘米，确保进入猪场的车辆车轮一周的消毒（图 8.1）。同时配置低压消毒器械。池中消毒液，每周更换 1~2 次。在选用消毒剂时，要两种以上轮换、交叉使用。常用的是 2%~3% 的氢氧化钠、5% 的来苏儿溶液等消毒药物。

图 8.1 某场设立的消毒池

（2）车辆驶入大门消毒池后，使用消毒剂对车辆进行喷洒，特别注意工作人员卸载物品可能接触的地方，注意缝隙、车轮和

八、高效养猪生物安全控制技术

车底。驾驶室由本场消毒人员喷洒消毒。驾驶员穿上消毒服及靴子并进行消毒后进入车辆驾驶室。

（3）车辆在消毒池停留15~30分钟后才能驶出。若选用的消毒剂对车身有损伤则用水冲洗完毕后再驶出。消毒人员消毒完毕后，换下消毒服，消毒后进入生活区。

146. 如何进行猪场人员的消毒？

养殖场一般谢绝参观，严格控制外来人员，但必须进入养殖场时，应在养殖场门口更换胶鞋和工作服，并在消毒池内进行消毒（图8.2）。消毒池可用2%~3%的氢氧化钠溶液，每3天更换1次。进入生产区时，必须洗澡，更换工作服及工作靴，方能进入。工作人员进入生产区和猪舍也要洗澡、更衣和消毒。很多猪场往往忽略了这一点，希望引起养殖场的注意。

消毒室要经常保持干净、整洁。工作服、工作靴和更衣室要定期消毒，每立方米空间用42毫升的福尔马林熏蒸20分钟。

图8.2 人员消毒通道

147. 雾霾天气对猪群有什么影响?

雾霾天气对养猪的影响主要有三方面：一是光线不足直接或间接影响猪的生产性能，如配种及妊娠母猪饲养在黑暗和光线不足条件下，其卵巢重量降低，受胎率明显下降；对于处于补饲期的乳猪来说，光线不足直接影响采食效果。二是雾霾天气时，大量尘粒、烟粒、盐粒浮游在空气中，对猪舍通风形成两难选择，必然严重影响舍内空气质量，病原体可黏附在尘埃颗粒上，容易诱发猪群呼吸道疾病。三是雾霾天气时，缺少阳光照射，会导致猪舍内的病原体增多。那么怎样应对雾霾天气，养殖场要注意以下两点：

（1）加强猪舍消毒。在常规消毒的同时，增加空气消毒的次数，以降低尘埃水平，抑制空气中病原菌的传播。消毒时，既可用喷雾器、雾化机或热雾喷雾，也可以熏蒸。在消毒方法上，较小的猪舍，建议用喷雾；宽大、较高的猪舍，适合用气雾；熏蒸只能用于空舍消毒；热雾适合于大型猪舍，虽然噪声大，但均匀性很好。

（2）适当调节猪舍湿度。雾天时，空气湿度大；霾天时，空气干燥。猪舍的相对湿度要求在 50%~70%，低于 40% 空气太干燥，空气中粉尘增加。在低温高湿情况下，可使猪日增重减少 36%，每千克增重耗料增加 10%。所以在空气湿度大时，要适当用生石灰、木炭等干燥剂除湿；在空气湿度过大的情况下，控制消毒、冲洗猪舍等的频率及用水量。

148. 引进种猪的隔离措施有哪些?

隔离措施可以降低引进新的病原体的可能性，保护自有猪群，同时利于保护新引进种猪。

（1）引进猪进场前，建立隔离舍，并尽可能远离自有猪群，一般距自有猪群 100 米以上，至少和自有猪群之间有一道完全阻隔的实心墙，其邻圈最好是即将出售的育肥猪。

（2）隔离舍要采取全进全出方式，设施要彻底冲洗、消毒，并保持干燥；要防鸟、防鼠。隔离适应期间，禁止隔离猪舍的饲养员与其他生产区内的饲养员及种猪接触，尤其在最初 2 周，实行全封闭管理。在此期间，如兽医确认无重要传染病，能保证良好健康状态的情况下，可适当缩减隔离期。

（3）隔离的第 1 周，要给予特殊的管理。最初 2 天严格控制饲喂量，饲料和饮水要保持新鲜，同时添加维生素 C 以增强机体抵抗力，必要时可补充电解质。

（4）监控种猪的健康状况。新引进的种猪应在隔离舍内进行为期 6~8 周的隔离饲养，每日观察可能存在的传染性疾病的症状，按 30% 比例进行体温抽查，上下午各 1 次，并做好记录、采样，对关注的病原进行检测。隔离期内，依据临床观察或者检测结果，迅速做出处理决定，怀疑传染病时，进一步诊断，坚决淘汰不合格猪只，避免外源性病原感染自有猪群。

149. 猪场为什么要实行全进全出制？

全进全出是猪场饲料管理、控制疾病的核心。要切断猪场的疾病循环，必须实行全进全出。因为在猪舍内有猪的情况下，始终难以彻底清洁、冲洗和消毒。目前，还没有任何一种消毒剂可以完全杀灭排泄物中的病原体，因为穿透能力较低，所以消毒前最好使用高压水枪将粪便和其他的排泄物彻底冲洗干净。猪舍内有猪则不能彻底冲洗，因此消毒效果不能保证。

即使当时消毒非常好，但由于病猪或带毒猪可以通过呼吸道、消化道、泌尿生殖道不断向环境中排放病原，污染猪舍、猪栏。下一批进入猪舍后，就可能被这些病原体感染。有些猪场虽然在设计的时候是按照全进全出设计的，但由于生产方面存在问题，如生长缓慢或有些猪发病，可能在原来的猪舍断续饲养，而病猪或生长缓慢的猪带毒量更高，毒力更强，所以更危险。正确的做法是，应该保证猪舍内所有猪出栏后彻底清洗、消毒空舍至少7天以上，这样才能保证消毒效果。

150. 猪场制定免疫程序时主要考虑哪些问题？

在什么时间接种何种疫苗，是大型猪场最为关注的问题，目前还没有一个免疫程序可通用，而生搬硬套别人的免疫程序也不一定行得通，最好的做法是根据本场的实际情况，考虑本地区的疫病流行特点，结合猪群的种类、年龄、饲养管理、母源抗体的干扰以及疫苗的性质、类型和免疫途径等各方面因素和免疫监测结果，制定适合本场的免疫程序，并着重考虑下列因素：

（1）母源抗体干扰。母源抗体的被动免疫对新生仔猪来说十分重要，然而对疫苗的接种也带来一定的影响。免疫程序的关键是排除母源抗体干扰，确定合适的首免日龄。最好选定在仔猪持有的母源抗体不会影响疫苗的免疫效果，而又能防御病毒感染的期间。如在母源抗体效价尚高时接种疫苗，即会被母源抗体中和掉部分弱毒，阻碍疫苗弱毒的复制，仔猪就不能产生坚强的主动免疫力。

因此，在母源抗体水平高时不宜接种弱毒疫苗。例如，仔猪的猪瘟免疫程序，根据猪瘟母源抗体下降规律，一般采取20~25日龄首免，而有猪瘟病毒感染或受猪瘟病毒威胁的猪场应实行哺乳前免疫，即在仔猪刚出生就接种猪瘟疫苗，待1小时后才让其吮初乳，在55~60日龄再加强免疫一次。

（2）猪场发病史。在制定免疫程序时必须考虑本地区猪病疫情和该猪场已发生过什么病、发病日龄、发病频率及发病批次，依此确定疫苗的种类和免疫时机。对本地区、本场尚未证实发生的疾病，必须证明确实已受到严重威胁时才计划接种。

(3)免疫途径。接种疫苗的途径有注射、饮水、滴鼻等,应根据疫苗的类型、疫病特点及免疫程序来选择每次免疫的接种途径。例如,灭活苗、类毒素和亚单位苗不能经消化道接种,一般用于肌内注射;国产喘气弱毒冻干苗采用胸腔接种;伪狂犬病基因缺失苗对仔猪采用滴鼻效果更好,它既可建立免疫屏障又可避免母源抗体的干扰。合理的免疫途径可以刺激机体快速产生免疫应答,而不合适的免疫途径可能导致免疫失败和造成不良反应,同种疫苗采用不同的免疫途径所获得的免疫效果是不一样的。

(4)季节性预防疫病。如春夏季预防乙型脑炎,秋冬季和早春预防传染性胃肠炎和流行性腹泻。

(5)不同疫苗之间的干扰与接种时间的科学安排。将两种或两种以上无交叉反应的疫苗同时免疫接种时,机体对其中一种疫苗的免疫应答降低,因此,为保证免疫效果,对当地比较流行的传染病最好单独接种,同时在产生免疫力之前不要接种对该疫苗有拮抗作用的疫苗。特别要提出的是,在免疫接种后,如果猪场短期内感染了病毒,由于抗原(疫苗)竞争,机体对感染病毒不产生免疫应答,这时的发病情况有可能比不接种疫苗时还要严重。例如,在接种猪伪狂犬病(PR)弱毒疫苗时,必须与猪瘟(HC)兔化弱毒疫苗的免疫注射间隔一周以上,以避免 PR 对 HC 的免疫干扰作用。又如猪繁殖与呼吸障碍综合征(PRRS)活疫苗影响猪瘟活疫苗的免疫应答。

151. 影响免疫效果的因素有哪些?

免疫应答是一种生物学过程,受多种因素的影响。在接种疫苗的猪群中,不同个体的免疫应答程度有所差异,有的强些,有的较弱,而绝大多数接种后能产生坚强的免疫力,但接种了疫苗并不等于就已获得免疫,致使免疫失败的因素很多。

(1) 环境因素。猪体内免疫功能在一定程度上受到神经、体液和内分泌的调节。当环境过冷、过热、湿度过大、通风不良时，都会引起猪体不同程度的应激反应，导致猪体对抗原免疫应答能力下降，接种疫苗后不能取得相应的免疫效果，表现为抗体水平低，细胞免疫应答减弱。多次的免疫虽然能使抗体水平很高，但并不是疾病防治要达到的目的，有资料表明，动物经多次免疫后，高水平的抗体会使动物的生产力下降。

(2) 疫苗的质量。疫苗是指具有良好免疫原性的病原微生物经繁殖和处理后制成的生物制品，接种动物能产生相应的免疫效果，疫苗质量是免疫成败的关键因素，好的疫苗必须具备的条件是安全和有效。农业部要求生物制品生产企业必须达到 GMP 标准，以真正合格的 SPF 胚生产出更高效、更精确的弱毒活疫苗，利用分子生物学技术深入研究毒株进行疫苗研制，将病毒中最有效的成分提取出来生产疫苗，同时对疫苗辅助物如保护剂、稳定剂、佐剂、免疫修饰剂等进一步改善，可望大幅度改善常规疫苗的免疫力。使用疫苗的单位必须到具备供苗资格的单位购买。通常弱毒苗和湿苗应保存于 -15 ℃ 以下，灭活苗和耐热冻干弱毒苗应保存于 2~8 ℃，灭活苗要严防冻结，否则会破乳或出现凝集块，影响免疫效果。

(3) 免疫的剂量。毒苗接种后在体内有个繁殖过程，接种到猪体内的疫苗必须含有足量的有活力的抗原，才能激发机体产生相应抗体，获得免疫。若免疫的剂量不足将导致免疫力低下或诱导免疫力耐受；而免疫的剂量过大也会产生强烈应激，使免疫应答减弱甚至出现免疫麻痹现象。

(4) 干扰作用。免疫接种两种或多种弱毒苗往往会产生干扰现象。产生干扰的原因可能有两个方面，一是两种病毒感染的受体相似或相同，产生竞争作用；二是一种病毒感染细胞后产生干扰素，影响另一种病毒的复制。例如，初生仔猪用伪狂犬病基因缺失弱毒苗滴鼻后,疫苗毒在呼吸道上部大量繁殖,为伪狂犬病病毒竞争地盘,同时又干扰伪狂犬病病毒的复制,起到抑制和控制病毒的作用。

(5)应激因素。高免疫力的本身对动物来说就是一种应激反应。免疫接种是利用疫苗的致弱病毒去感染猪只机体,这与天然感染得病一样,只是病毒的毒力较弱而不发病死亡,但机体经过一场恶斗来克服疫苗病毒的作用后才能产生抗体,所以在接种前后应尽量减少应激反应。而集约化猪场的仔猪,既要实施阉割、断尾、驱虫等保健措施,又要发生断奶、转栏、换料等饲养管理条件变化,此阶段免疫最好多补充电解质和维生素,尤其是维生素A、维生素C、维生素E和复合维生素B更为重要。

152. 疫苗免疫接种操作要点有哪些?

生产实践中,有计划地进行免疫接种,是防治猪群传染病、保障猪群健康、安全、经济可靠的积极措施。但免疫效果的好坏除与选择的疫苗有关外,防疫人员操作方法的规范与否也是重要因素。部分养殖场在猪群免疫接种时常不规范操作,导致免疫效果不好甚至失败,引起猪群发病、死亡。为确保免疫效果,避免遭受传染病侵袭,猪群免疫应注意以下几点:

(1)接种时间应安排在猪群喂料前空腹时进行,高温季节应在早晚注射。

(2)液体苗使用前应充分摇匀,每次吸苗前再充分振摇。冻干苗加稀释液后应轻振摇匀。

(3)吸苗时可用煮沸消毒过的针头插在瓶塞上,裹以挤干的酒精棉球专供吸药用。吸入针管的疫苗不能再注回瓶内,也不能随便排放。

(4)要根据猪的大小和注射剂量多少,选用相应的针管和针头。针管可用10毫升或20毫升的金属注射器或连续注射器,针头可用38~44毫米的12号针头;新生仔猪猪瘟超免可用2毫升或5毫升的注射器,针头长为20毫米的9号针头。

(5)注射时要适当保定,保育舍、育肥舍的猪,可用焊接的铁栏挡在墙角处等相对稳定后再注射。哺乳仔猪和保育仔猪需要抓逮时,要注意轻抓轻放。避免过分驱赶,以减缓应激。

(6)注射部位要准确。肌内注射部位,有颈部、臀部和后腿内侧等几处供选择,皮下注射在耳后或股内侧皮下疏松结缔组织部位。避免注射到脂肪组织内。需要交巢穴和胸腔注射的更需摸准部位。

(7)注射前,术部要用挤干的酒精棉或碘酊棉消毒,进针的深度角度应适宜。注射完拔出针头,消毒轻压术部,防止术部发炎形成脓疱。

(8)注射时要一猪一个针头,要一猪一标记,以免漏注。

(9)注射时动作要快捷、熟练,做到"稳、准、足",避免飞针、针折、苗洒。苗量不足的立即补注。

(10)怀孕母猪免疫操作要小心谨慎,产前15天内和怀孕前期尽量减少使用各种疫苗。

(11)疫苗不得混用(标记允许混用的除外),一般两种疫苗接种时间,至少间隔5~7天。

153. 疫苗接种前后应注意哪些问题?

(1)有针对性地选用疫苗。要掌握本地区及本场传染病的流行情况,有针对性、有选择地进行免疫预防。免疫接种应遵循病毒性疾病免疫为先的原则,猪瘟、口蹄疫、伪狂犬病、圆环病毒病、乙脑、细小病毒病等没有争议的病毒病疫苗必须免疫。细菌苗要依据本场具体情况有选择性地使用,疫苗使用不是越多越好,可用可不用的疫苗不要使用,一些疾病可通过添加药物预防,从未发生过猪肺疫、猪丹毒、链球菌病等的猪场也可不接种

八、高效养猪生物安全控制技术

这几种病的菌苗。

（2）避免应激。接种疫苗前后数日，应尽可能避免造成剧烈刺激的操作，如采血、去势等。断奶、转群前后数日等易造成应激的阶段也不要注苗。这些应激因素都会降低机体的免疫功能，虽然注射了疫苗，但产生的抗体少，影响免疫效果。应避免注射活疫苗与消毒同日进行。

（3）禁用抗菌和抗病毒药物。弱毒苗只有在被免疫猪体内生存并繁殖才有效，因此注射活菌苗之前7天和注射之后10天内，均不应饲喂含有抗菌、抑菌的药物（如各种抗生素、磺胺类、氟喹诺酮类等）的饲料和添加剂，或混饮、注射任何抗菌药物。猪喘气病活疫苗注射前15天及注射后2个月内禁用土霉素、卡那霉素等药物及含以上药物的配合饲料。否则疫苗中的活菌会被杀死而影响免疫效果。接种后因有反应而用抗菌药物治疗的猪，应隔离或做好记号，待康复后2周重新注射一次。注射病毒弱毒苗后1周内，不得使用利巴韦林（病毒唑）、吗啉胍（病毒灵）、金刚烷胺、猪白细胞干扰素、聚肌胞等抗病毒药，更不能同时使用抗血清。

（4）注苗后必须观察15分钟。个别猪在注苗后可能发生急性过敏反应，表现为不安、发抖、发绀、口吐泡沫、呕吐、呼吸困难、卧地不起等，应立即用肾上腺素、地塞米松等抗过敏药物紧急抢救。

（5）避免使用免疫抑制剂。不论是注射病毒苗还是细菌苗，也不论注射活苗或死苗，在免疫前后5~7天都要避免使用影响疫苗免疫应答的药物和免疫抑制剂，如氟苯尼考、喹乙醇、磺胺类药、氨基糖苷类（如庆大霉素、卡那霉素）、四环素类及地塞米松等糖皮质激素，因其对抗体的合成有一定抑制作用，或对T、B淋巴细胞的转化有明显的抑制作用，从而影响免疫效果。

（6）避免两种或两种以上疫苗同时注射，以免互相干扰影响抗体产生。猪瘟活疫苗、蓝耳病弱毒苗、伪狂犬病弱毒苗等病毒活疫苗之间，必须间隔7天以上。猪口蹄疫O型灭活苗更不能与猪瘟活疫苗混合注射，要先免疫好猪瘟，后接种口蹄疫疫苗。

（7）免疫后要加强饲养管理。要保证蛋白质、能量、维生素和微量元素的供给，减少各种应激，不喂被霉菌毒素污染的饲料，以利产生抗体。

（8）加强各项生物安全措施。注射疫苗不是万能的，还要搞好消毒、隔离等各项生物安全措施，搞好综合防制。

154. 哪些猪不适宜打疫苗？

疫苗不是治疗疾病的药物，是一种由病原微生物及其代谢产物中提取的、无毒、刺激猪群产生对疾病抵抗的，称作"抗原"的一种合成物。当猪群身体出现某些特殊情况时，就不适合接种疫苗。母猪在配种后20天和临产前15天以内不要注射疫苗，以防流产。猪细小病毒苗和猪布氏杆菌活疫苗对怀孕母猪不宜使用。病猪不能打疫苗，因为病猪本来抵抗力就弱，如果打疫苗，易引起猪的强烈应激反应，反而会加重病情。

九、高效养猪疫病防治技术

155. 当前规模化养猪场疫病流行呈现哪些特点？

21世纪以来，我国养殖业迅猛发展，特别是养猪场的规模化、集约化、工厂化程度得到了大幅度提高。但与此同时，规模化养猪场疫病种类和流行特点也发生了很大的变化。因此掌握规模养猪中疫病的流行特点，对疫病的诊断及防治具有重大意义。

（1）疫病传播速度加快。规模化养猪场最显著的特点是生产规模大、猪只密集，传染病具有很大的流行潜力，病原一旦侵入，则呈现高速繁殖，急剧传播，引起疫病的暴发。有文献指出，当有一头携带病原菌微生物的猪进入一个群体后，疫病从一头猪传给其他猪的可能数量（N）与猪群中猪的数量（n）的关系是$N = n^2 - n$。例如，一个拥有1 000头猪的群体与一个只有100头猪的群体相比，疫病流行的速度相差110倍。另外，规模化养猪实行分段式饲养工艺流程，使猪只在生产中的流动性大为增加，在各群体中蔓延流行的速度也加快了。

（2）多病原混合感染并继发感染，症状复杂。多病原混合感染并继发感染已成为当前猪群发生疫病流行的主要形式与特点，单一病原引发的疫病很少见，两种或两种以上病原，甚至多种病原共同引发已为常见。其病原有病毒、细菌，还有寄生虫等。当前，在临床上常见蓝耳病与猪瘟，蓝耳病与圆环病毒，蓝耳病与猪流感,猪瘟与圆环病毒,猪瘟与伪狂犬病,蓝耳病与伪狂犬病,猪瘟与蓝耳病和弓形虫病,蓝耳病与附红细胞体病,猪瘟与附红细胞体病等混合感染,同时常继发感染副猪嗜血杆菌病、链球菌病、猪肺疫、传染性胸膜肺炎、大肠杆菌病、喘气病、附红细胞体病等,呈现病原体多元化,临床症状复杂化,给诊断与防控带来困难。

(3) 细菌性疾病与免疫抑制性疾病在猪群中广泛存在,危害甚大。猪场细菌性疾病明显增多,由于抗生素的滥用,导致耐药菌株出现的频率不断增加,且生产上变得日益难以控制,如猪大肠杆菌病、猪链球菌病、猪副嗜血杆菌病等。免疫抑制性疾病的危害逐渐加大,蓝耳病、圆环病毒Ⅱ型感染、伪狂犬病、细小病毒病、猪瘟、猪流感、气喘病、传染性胸膜肺炎、沙门杆菌病、弓形体病等,均为免疫抑制性疫病。其病原作用于猪体的免疫器官与免疫细胞,损伤免疫系统的功能,造成细胞免疫与体液免疫抑制,导致机体免疫应答功能紊乱,致使猪体对各种病原体高度易感,易引发多种疫病的发生。这是当前猪群中最为严重的一类疾病,应重点防控。

(4) 疾病呈现非典型化的趋势。疾病的发生呈现出一种非典型化的趋势,该趋势给兽医诊断带来很大的困难,如非典型猪瘟的出现,猪繁殖与呼吸障碍综合征(PRRS)病毒、猪瘟病毒的持续性感染以及传染性胸膜肺炎的持续性感染等。疾病流行谱也发生了巨大的变化,如猪流行性感冒和猪繁殖与呼吸障碍综合征以及猪断奶后多系统衰弱综合征(PMWS)的从无到有,猪胸膜肺炎放线杆菌和猪副嗜血杆菌以及猪伪狂犬病的危害逐渐加大。

(5) 病原体不断发生变异,致病力增高。在疫病流行过程中,由于病原体受到外界环境变换、高度免疫接种以及滥用抗生素等因素的影响,使某些病原体的毒力发生改变,有的毒力变强，有的毒力变弱，出现新的变异毒株和新的血清型。比如蓝耳病变异毒株引起高致病性蓝耳病以及圆环病毒变异毒株的出现，多杀性巴氏杆菌 A 型和 D 型血清型的出现（B 型减少）等造成猪病发生时出现高发病率与高死亡率。比如高致病性蓝耳病可引起仔猪发病率达 40%～80%、育肥猪为 30%，死亡率为 30%～80%；母猪流产率高达 50% 左右，死亡率为 10%～30%。

（6）以繁殖障碍为主的猪病普遍存在，并愈演愈烈。近年来，由于突出的呼吸道疾病问题，而掩盖了繁殖障碍疾病的危害。实际上，因猪繁殖障碍疫病造成的经济损失一点也没有减轻，仍然是规模化养猪生产中的一大问题，特别是由猪繁殖与呼吸障碍综合征病毒、猪圆环病毒Ⅱ型双重感染引起的流产、死胎、产弱仔等问题。近几年已在一些规模化猪场显露出来，对初产母猪的危害最大，可造成 70% 以上的母猪发生流产和产死胎。另外，由附红细胞体病原引起的繁殖障碍值得关注，该病可引起不同妊娠阶段的初产母猪和经产母猪发生流产和产死胎。

（7）"引进"疫病增加。当前，我国的良种繁育体系建设滞后，许多种猪场猪群健康水平不高。许多商品猪场种群来源不固定，多途径购买种猪，又不了解引进国（场）疫病发生情况，以及缺乏有效的隔离、监测手段和配套措施，使得不同地域间、不同繁育体系间疫病的传播越来越多。

156. 猪疾病传播的主要途径有哪些？

养猪生产者首先要了解传染性疾病是怎样在猪场之间传播的，才能制定有效的措施控制疾病。猪疾病主要通过以下几种方式传播：

（1）猪只之间传播。受到主动感染的猪会向外界排出大量的病原体，特别是那些正处于临床症状暴发前或正暴发中的猪。这些病原体可能存在于空气、唾液、粪便、尿液、精液、皮肤碎屑和胎儿物质中，并且能感染其他猪只。隔离是一种防止疾病通过猪进行传播的有效武器。为了防止猪场通过直接的接触受到感染，猪舍要建在远离其他养猪及相关行业的地方，也必须远离猪的运输路线，并设置安全隔离带以阻止外来猪病进入。

一个从外场采购种猪的猪场必须从无病原体的猪场引种。这需要建立在与兽医的沟通、充分检疫和对供种猪群充分了解的基础上。对刚引进的种猪应进行隔离（隔离方法详见第148问）。

（2）猪的精液也是疾病传播的潜在途径。现代规模化猪场都采用人工授精技术配种。种公猪的健康尤为重要，如果公猪发病或隐性带毒，病原微生物会通过带毒公猪附性腺、包皮等途径污染精液，疾病极易通过此途径感染母猪群。因此，要对种猪进行定期检测，确保猪群的健康。

（3）经粪便或尿液传播。许多病原体可通过粪便进行传播，这种情况可能通过粪槽中的刮粪操作或刮粪板清洗系统以及经渗漏或机械进行传播。粪便和尿液通过机械性运输（如车辆）或被当作养殖场的污水喷洒在另一个猪场附近的农田中时，其携带的病原体可在不同的猪场间传播。应注意病原体通过污水散发出的气雾进行传播。在一个猪场内，可利用广谱消毒剂对不同猪舍间流动的所有设备进行清洗或消毒，以降低病原体机械性传播的可能性。

（4）经空气传播。空气传播是疾病传播的一种主要方式。研究表明在合适的环境（寒冷、潮湿）中，口蹄疫病毒至少可传播100千米，猪肺炎支原体和胸膜肺炎放线杆菌能够传播至数千米以外。在封闭的猪舍内，可以通过在进气口安装充足的过滤器防止病原体的空气传播，这种方法在种公猪场猪群密集的地方可以发挥良好的作用。周期性地向空气中喷洒广谱消毒剂可以显著减少病原体在猪舍内和猪舍间的空气传播。

（5）经人员传播。人可以通过皮肤、衣服、头发、工作靴

九、高效养猪疫病防治技术

或消化系统和呼吸系统内部携带病原体感染猪群。要控制病原体借助这种方式进行传播,则需限制人员的流动和接近猪场。进入猪舍的工作人员至少应该穿着干净的衣服,并且要更换外套和工作靴,理想的情况应该是沐浴。在猪场内,工作靴应浸入含有合适消毒剂的清洁新鲜的足浴池中,但在浸泡前工作靴必须清洗干净。要求工作人员在进入每栋猪舍前至少要在足浴池浸泡工作靴,用杀菌肥皂对手进行清洗。

(6) 经其他动物传播。病原体可以通过其他动物进行传播,例如牛和羊(可传播口蹄疫)、野生动物(野猪会传播典型猪瘟、猪霍乱)、宠物(猫会传播沙门杆菌)、鸟(传播禽流感)、昆虫(苍蝇会传播猪链球菌和猪繁殖与呼吸障碍综合征)和啮齿动物(小鼠可传播猪痢疾短螺旋体)。控制病原体通过其他动物传播实际上是基于将它们排除在猪群以外。猪场应该制订控制老鼠的方案。建筑物的设计应该有利于控制老鼠,排除鸟类和使飞虫无法进入猪舍内。

(7) 经运输工具传播。能够接近猪只或进入猪场的车辆很多,它们很可能会传播病原体。猪的运输车辆对疾病的传播构成了最大的风险。所有可接近猪场的车辆都应进行清洗,车轮要喷洒消毒剂或要通过含有消毒剂的车辆消毒池。如果车轮或翼板上污垢和有机物过多会降低消毒效果。应注意车辆内人员所带来的风险。请不要容许运输活猪的司机顺着活猪装载坡道进入猪场,车辆上的其他东西,如工具箱也存在传播疾病的风险(消毒方法详见144问)。

(8) 经饲料和水传播。沙门杆菌感染也许是病原体通过饲料传给猪的最好例子,当猪采食加工不当的饲料时就有可能受到感染。受到污染的水、无盖配水池和不良的饮水输送系统都存在传播疾病的可能性。为了防止病原体通过水传播,可使用已被证明能够用作终末消毒并且也可在猪饮水时使用的广谱消毒剂。

157. 养猪生产中常见的禁用药物有哪些?

①盐酸克仑特罗:也称克喘素,是治疗哮喘病的一种药物,我国俗称"瘦肉精"。被猪食用后全身都有分布,以内脏特别是肝脏中残留最多。人误食了含有"瘦肉精"的猪肉,可扰乱激素平衡,引起人体中毒。临床表现有头痛、头晕、恶心、呕吐、心律失常、心慌、心悸、甲状腺功能亢进等症状。

②性激素类:有促进性器官发育成熟、母猪催情、公猪提高性欲、促进蛋白质合成、加快增重的作用。已烯雌酚在人体内残留会促进女童性早熟、男性女性化,增加女性患乳腺癌、卵巢癌的危险。雄性激素在动物体内残留,可促进性功能亢进,易发生自淫症。

③抗生素类:大部分抗生素大多是广谱抗生素,对革兰阳性、阴性细菌均有程度不同的抑制作用。虽大部分未禁用,但由于长期超量使用,动物的耐药性明显增强。如现已被禁用的氯霉素对哺乳动物的大肠杆菌病基本失去治疗作用,且能抑制蛋白质合成和骨髓造血功能,导致血小板减少性紫斑、粒细胞缺乏症、再生障碍性贫血和溶血性贫血等。

④呋喃唑酮:是一种毒性较大的药物。可治肠炎、腹泻和鸡、兔球虫病。如长期连续使用,不执行休药期的规定,在猪、鸡肝脏中残留,被人食用后,能引起出血综合征,其潜在危害是诱发基因变异和痛症。

⑤安眠酮:又名甲喹酮、海米那。有镇静、催眠作用,临床上主要用于动物过度兴奋或惊厥,可使机体平静。但该药副作用较大,人误食了含有此药的猪肉,会表现出恶心、呕吐、头晕、无力、四肢及口舌麻木,个别较重患者有短时间的精神失常。过量中毒可出现昏迷、视神经乳头水肿、心跳过速、呼吸抑制等症状。久吃含有此药的肉类,人体可产生耐药性。

⑥磺胺类和喹乙醇：这两种药虽未列入《禁用清单》中，但前者已被列入《无公害食品——猪肉》理化指标中严格控制使用，肉中残留超标，能使人恶心、呕吐、眩晕等，抑制骨髓功能，破坏造血系统，引起再生障碍性贫血、溶血性贫血、粒细胞缺乏症、血小板减少症、少尿、无尿或血尿等，易产生抗药性，易引起过敏反应。轻者皮肤瘙痒或发生荨麻疹，重者甚至出现死亡。按《无公害食品——生猪饲养兽药使用准则》规定，休药期不得少于28天。

喹乙醇是一种基因毒剂和生殖腺诱变剂，促生长效果较好，且有抗菌作用。如在饲料中超量添加，鸡、鸭很敏感，鸡每千克体重口服50毫克，即会中毒死亡，猪体重55千克时应禁用。如在肉中残留，对人的潜在危害很大，可致基因突变、致畸和致癌。此药休药期为35天。

158. 控制猪群发生疫病的关键措施有哪些？

目前，我国猪病的疫情越来越严重，病情越来越复杂，发病率与死亡率居高不下，防控的难度越来越大，对养猪生产造成重大的威胁。养猪生产者应注意环境条件的改善，加强猪群饲养管理，完善生物安全体系，减少猪群疾病的发生。

（1）合理规划建场。要建设好一个规模化猪场，最重要的因素是有一个科学合理有效的整体规划设计，在设计当中，不要刻意要求某个环节，而是要相互兼容，相互匹配，合理设计。综合考虑选址、交通、防疫、水、电、粪污处理等要素，做到整栋或整个单元全进全出。

（2）坚持自繁自养。自繁自养是有效防止猪场疫病进入的一项重要措施。实践证明，坚持自繁自养的猪场很少发生传染病。猪场应每年对母猪、公猪的健康状况进行抗体的检测，对隐性带病毒的公、母猪要坚决淘汰，防止疫病传播给仔猪。只有建立健康的母猪群体,才能繁殖出健壮的仔猪。

(3) 慎重引种。为了提高猪群总体质量和保持较高的生产水平,猪场经常会引进种猪,更新种猪基因。引进的种猪要求健康、无遗传疾患(如隐睾、脐疝、瞎乳头等),营养状况良好,发育正常,先在隔离舍饲养观察30天,确定无异常情况并免疫猪瘟、口蹄疫、高致病性蓝耳病疫苗后7天再转入猪舍。对引入的种猪最好经实验室检验确定健康后再混群。

(4) 加强饲养管理。合理的饲养管理是控制疫病发生的基础条件。饲养过程中要保证饲料营养全面、新鲜、无霉变,并提供有充足清洁的饮用水;实行"全进全出"制,可以做到下批猪进入前进行彻底的清扫和消毒,能有效地控制各种疫病的交叉感染。夏季要防暑降温,冬天要保暖,合理的饲养密度,注意通风,保持猪舍内空气清新,保持猪舍干燥,尽量减少因炎热、寒冷引起猪体应激的危害;公、母猪每年应驱虫3次,肉猪不少于2次,夏季做好灭蝇灭蚊工作。每季用灭鼠药进行灭鼠,但应防止猪中毒;猪群定期进行健康检查,发现问题猪只要及时治疗,对僵、弱、无治疗价值的猪应尽早淘汰,并进行无害化处理。

(5) 搞好环境卫生。猪场的安全生产很大程度上取决于能否为猪创造一个安全舒适的生长环境。良好的环境除了猪场建设及绿化工作以外,更重要的是环境卫生的清洁和消毒工作,能有效降低猪场环境和猪舍内病原微生物的危害,以减轻猪群感染的机会,把疫病控制在最小范围内。猪栏必须每天清扫2次,清除猪栏内的粪便和排泄物,经常保持猪栏的清洁干燥,特别是病畜的排泄物要无害化处理。猪舍要每周进行带猪消毒1次,消毒前应清扫干净,消毒液应现配现用,注意消毒液的有效浓度,消毒液必须保持10分钟以上的湿度。对进出猪场的人员和车辆必须经消毒后方可进出,从而切断传播途径。猪场每月至少一次对猪场内周围的道路,粪沟、水沟等进行彻底的清扫,清扫后进行消

九、高效养猪疫病防治技术

毒。消毒时应注意消毒药的浓度和喷洒湿度,确保消毒效果。

(6)科学免疫接种。传染病一旦发生,会造成严重的后果,尤其是病毒性传染病,基本没有特效药治疗,使用疫苗接种是防止传染病发生的有效方法。因此,在生产中猪场应根据本场往年的发病、周围疫病的流行情况及抗体水平制订一个科学合理的免疫方案,合理选购疫苗,并按疫苗接种规程进行免疫。同时,猪场每年应对免疫效果进行检测,及时了解猪群免疫抗体水平,掌握疫病动态,便于猪场管理员采取相应的防控措施,减少发病率。

159. 如何防治猪瘟?

猪瘟是一种急性、高热性、高传染性、高致死性疾病,是国际兽医局列为A类传染病的猪病,对养猪业的危害极大,是影响养猪业的头号传染病。

(1)猪瘟临床症状。猪瘟的症状已经由过去的典型症状变为现在的非典型性症状,但是高温稽留热,内脏器官出血、坏死的现象依然存在。

①典型性猪瘟的症状:在没有做过免疫或者漏免猪瘟疫苗的猪场以及新的疫区比较多见。发病猪往往见不到任何症状,突然死亡。病程稍长的病猪厌食,高温稽留,体温可达41~42℃,并且嗜睡,出现结膜炎,眼部分泌物增多、流泪,皮肤发绀,并且出现紫斑,在病猪的腹部、四肢的内侧、会阴处经常出现米粒或针尖大小的紫红色出血点。公猪排尿困难,可见包皮肿胀,内存有黄白色恶臭味的尿液。病猪往往便秘,排出羊粪样的覆盖有血液及黏液的粪便。部分猪便秘和腹泻交替出现,所排稀粪为黄色油状黏性粪便。个别仔猪会出现神经症状,痉挛、抽搐死亡。母猪急性感染发病后,会出现流产、死产现象,耐过后的母猪往往成为带毒母猪。

②非典型性猪瘟的症状：病猪的病程超过1个月或者更长，精神不振，厌食。体温时高时低，皮肤发紫、发绀现象加剧，尤其以耳部、腹股沟处最为严重。病猪会出现便秘与腹泻交替的现象，四肢无力，后肢麻痹现象常见。一部分病猪耐过后，成为僵猪，长期带毒排毒，成为猪场自家感染的主要传染源。迟发性猪瘟的发生呈上升的趋势。此类病猪以胚胎期的感染为多，病猪出生后在一段时间内不会表现出明显的症状，只会有轻微的精神不振、厌食和反复的无名高热，有的病猪会有跛行、先天性的皮炎、结膜炎以及伤口破溃、不易愈合等现象。已经证实猪瘟病毒可以透过胎盘感染，所以，此类病猪属于先天性的免疫缺陷及免疫耐受。发病后，使用抗生素治疗只能缓解症状，停药后出现反弹。另外，在母猪的妊娠前期注射大剂量的猪瘟疫苗，也会透过胎盘感染仔猪，造成持续性的隐性感染。

（2）猪瘟的防控策略。猪瘟尚无特效疗法，贵重猪种可注射抗猪瘟血清，但价格昂贵。生产者应从以下几点措施入手，减少猪瘟的感染。

①提高猪群抗病能力：健康状况良好的猪群在免疫时能产生较强的免疫力，而体质虚弱、营养不良或患有慢性病的猪群免疫应答能力较差。因此，应保证饲喂日粮的数量和质量；采取尽可能严格的生物安全措施，坚持自繁自养，防止病原传入，对生产区要采取严格的消毒、隔离和防检疫措施；在饲养密度、温度、湿度、光照和空气质量等方面采取措施，为猪只创造一个良好的环境，提高猪群的整体健康水平。

②严格控制疫苗质量：一是疫苗本身的质量直接影响免疫的效果。国家定点专业生物制品厂生产的疫苗一般质量可靠。二是注意疫苗的运输和贮存，目前普遍使用的猪瘟疫苗不能在常温下保存，必须在低温下保存。猪瘟疫苗于-15℃条件下保存，有效期为1年；0~8℃冷暗干燥处保存，有效期6个月；8~25℃

九、高效养猪疫病防治技术

有效期仅为10天。因此,应在运输、贮存设备完善的单位购买疫苗。严禁反复冻融疫苗,以免造成效价降低或影响真空度。

(3) 正确使用疫苗。稀释后的疫苗效价下降速度很快,在15～30℃时,3小时可能失效。因此,预防注射应严格按照操作规程,用前稀释液应置于4～8℃冰箱内预冷,稀释后的疫苗同样放于有冰块的保温箱内,并在1～2小时内用完。严禁用碘酊或其他消毒液消毒针头,用碘酊在注射部位消毒后必须用棉球擦干,严禁用大号针头注射和打飞针,以免造成疫苗灭活或注射量无保证。

(4) 采用合理的免疫程序。做过猪瘟免疫的母猪,其新生仔猪可通过初乳获得母源抗体。在仔猪3～5日龄时,其母源抗体的中和效价为1:64～1:128,具有坚强的免疫力;20～25日龄时抗体中和效价在1:32以上,保护率为75%,能耐受猪瘟强毒攻击;30日龄,抗体中和效价降到1:16以下,无保护力;60日龄时,仔猪血清中已无母源抗体。因此,仔猪应在25～30日龄首免,60～70日龄二免。母猪在产后20～25天进行猪瘟免疫,种公猪每年春秋两季各免疫1次。

(5) 规范使用药物。某些药物如病毒唑、卡那霉素等,对机体B淋巴细胞的增殖有一定抑制作用,能影响病毒疫苗的免疫效果,尤其是在免疫前后3天不规范地使用这些药物,可导致机体白细胞减少,从而影响免疫应答。

(6) 提防霉菌毒素的危害。严禁将发霉饲料喂猪,霉变饲料含有各种霉菌毒素,可引起肝细胞的变性坏死、淋巴结出血、水肿,严重破坏机体的免疫器官,造成机体的免疫抑制。因此,要严格控制饲料和各种原料的质量。玉米霉变是造成猪瘟免疫失败的一个重要原因,在阴雨天气和炎热的夏天,饲料中应添加霉菌毒素处理剂等,减少因霉菌毒素的危害而导致猪瘟免疫失败。

(7) 控制免疫抑制性疾病。近年来,猪的免疫抑制性疾病呈上升趋势。猪繁殖与呼吸障碍综合征、伪狂犬病、圆环病毒感染等都能破坏免疫器官，造成不同程度的免疫抑制，导致猪瘟的免疫失败。因此，在生产实践中，应按照免疫程序加强这些疾病的预防和控制。

（8）淘汰亚临床感染猪。猪瘟免疫监测的重点应放在母源抗体水平、免疫应答效果、亚临床感染和疫苗效价的监测上。根据产仔季节，在防疫高峰期后1个月内，随机采取免疫猪血清做抗体监测，计算总保护率。如总保护率在50%以下，显示免疫无效。同时根据抗体的分布，分析是否存在亚临床感染。

另外，造成猪瘟持续性感染的根源在于母猪带毒，即妊娠母猪自然感染低毒力或中等毒力的猪瘟病毒后引起潜伏性感染。带毒母猪妊娠后猪瘟病毒通过胎盘感染胎儿造成垂直传播，带毒公猪也可通过精液传染母猪，也可传播给仔猪。带毒母猪通过垂直传播和水平传播，造成猪瘟的持续感染。

同时先天感染猪瘟的仔猪产生后天免疫耐受性，经反复注射疫苗不产生抗体，成为持续性感染的带毒猪。如果这种猪被误作为后备种猪培养就会形成新的带毒种猪群。这样会造成猪瘟感染的恶性循环。

因此，对猪场除进行猪瘟抗体的定期检测之外，还要进行种猪的带毒检测，以使种猪群的猪瘟得到控制与净化。

160. 如何防治猪口蹄疫？

口蹄疫是由口蹄疫病毒引起偶蹄兽的一种急性、热性和高度接触性的传染病。口蹄疫有O型、A型、C型、亚洲1型、南非1型、南非2型、南非3型等7个血清主型，每个主型内又有若干个亚型。临诊上以猪口腔黏膜、鼻吻部、蹄部以及乳房皮肤发生水疱和溃烂为特征。猪口蹄疫的发病率很高，传染快，流行面大，对仔猪可引起大批死亡，造成严重的经济损失，世界各国对

九、高效养猪疫病防治技术

口蹄疫都十分重视防疫,此病已成为国际重点检疫对象。

(1)临床症状。发病后最初的症状是精神不振,食欲减退,体温上升至40~41℃,病猪很快在蹄部和口腔黏膜上以及其他部位出现一些大小不等的水疱,水疱内充满淡黄色或无色的清亮浆液,不久水疱溃破、组织糜烂,如有细菌继发感染,水疱发生化脓与坏死。严重病例蹄匣脱落,此时病猪蹄部异常疼痛,不能行走。生长在母猪乳头上的水疱发生糜烂时,吃奶的小猪很快受到感染,出现急性肠炎与心肌炎,死亡率很高。鼻镜上和口腔内有水疱和糜烂坏死的,则严重妨碍采食和咀嚼。如无细菌继发感染,水疱溃破后慢慢干涸,最后形成痂皮而脱落痊愈,整个病程达7~8天。

(2)防控措施。口蹄疫是一类传染病,发生口蹄疫后应采取以下措施。

①发生口蹄疫后,立即报告上级主管部门和县(市、区)政府,由政府划定疫点并下达封锁令。按照"早、快、严、小"的原则,就地扑灭疫情,并通知邻近地区,组织联防。

②新发疫区要采取果断措施,就地扑杀病猪和同群猪。

③扑杀病猪及同群猪,采用电击或药物注射处死,深埋或焚烧,用2%~3%火碱水彻底消毒环境。未发病的猪群紧急接种疫苗,15天后加强免疫1次,猪舍及周围环境每日喷雾消毒1次。限制猪群移动,严密观察疫情动态,防止疫情蔓延。

④疫情停止后,须经有关主管部门批准,并对猪舍及周围环境及所有工具进行严格彻底的消毒并空置后才可解除封锁,恢复生产。

161. 如何防治猪丹毒病?

猪丹毒是由猪丹毒杆菌引起的一种急性,以败血型为主的热性传染病,主要发生在3月龄以上的生长猪。病程多为急性败血型或亚急性的疹块型。转为慢性的多发生关节炎,有的有心内膜炎,主要侵害架子猪,对养猪业危害很大。

(1) 临床症状。临床症状分急性、亚急性、慢性三种类型。

①急性型:此型常见,以突然暴发、急性经过和高死亡率为特征。病猪精神不振、高热不退,不食、呕吐,结膜充血,粪便干硬,附有黏液,小猪后期下痢。耳、颈、背皮肤潮红、发紫。临死前腋下、股内、腹内有不规则鲜红色斑块,指压褪色后而融合一起,常于3~4天内死亡,病死率80%左右,不死者转为疹块型或慢性型。哺乳仔猪和刚断奶的小猪发生猪丹毒时,一般突然发病,表现神经症状,抽搐,倒地而死,病程多不超过1天。

②亚急性型(疹块型):病较轻,前一两天在身体不同部位,尤其胸侧、背部、颈部至全身出现界限明显,圆形、四边形,有热感的疹块,俗称"打火印",指压褪色。病猪口渴、便秘、呕吐、体温高。疹块发生后,体温开始下降,病势减轻,病猪自行康复。病程达1~2周。

③慢性型:由急性型或亚急性型转变而来,也有原发性,常见的有慢性关节炎、慢性心内膜炎和皮肤坏死等几种。慢性关节炎型主要表现为四肢关节(腕、跗关节较膝、髋关节最为常见)的炎性肿胀,病腿僵硬、疼痛。以后急性症状消失,而以关节变形为主,呈现一肢或两肢跛行或卧地不起。病猪食欲正常,但生长缓慢,体质虚弱,消瘦。病程数周或数月。慢性心内膜炎型主要表现消瘦,贫血,全身衰弱,喜卧,厌走动;强使行走,则举止缓慢,全身摇晃。此种病猪不能治愈,通常由于心脏麻痹突然倒地死亡。病程数周至数月。

慢性型的猪丹毒有时形成皮肤坏死。常发生于背、肩、耳、蹄和尾等部。局部皮肤肿胀、隆起、坏死、色黑、干硬,似皮革。逐渐与其下层新生组织分离,犹如一层甲壳。经2~3个月坏死皮肤脱落,遗留一片无毛、色淡的瘢痕而愈。如有继发感染,则病情复杂,病程延长。

(2)防治措施。

①加强饲养管理,做好定期消毒工作,增强机体抵抗力。定期用猪丹毒弱毒菌苗或猪瘟、猪丹毒、猪肺疫三联冻干疫苗免疫接种,仔猪在60~75日龄时皮下或肌内注射猪丹毒氢氧化铝甲醛疫苗5毫升,3周后产生免疫力,免疫期为半年。以后每年春秋两季各免疫一次。用猪丹毒弱毒菌苗,每头注射1毫升,免疫期为9个月。也可注射猪瘟、猪丹毒、猪肺疫三联疫苗,大小猪一律1毫升,免疫期9个月。

②治疗时,首选药物为青霉素,对败血型病猪最好首先用水剂青霉素,按每千克体重1万~1.5万单位静脉注射,每天2次。如青霉素无效时,可改用四环素或金霉素,按每千克体重1万~2万单位肌内注射,每天1~2次,连用3天。

162. 如何防治哺乳仔猪的下痢?

哺乳仔猪下痢主要由仔猪大肠杆菌病、仔猪红痢、轮状病毒性下痢、病毒性胃肠炎、缺铁性贫血等疾病引起,应查明病因,区别对待。

(1)仔猪大肠杆菌病。仔猪大肠杆菌病可分为仔猪黄痢、仔猪白痢。仔猪黄痢是出生后几小时到1周龄仔猪的一种急性高度致死性肠道传染病,以剧烈腹泻,排出黄色或黄白色水样粪便以及迅速脱水死亡为特征。仔猪白痢是由大肠杆菌引起的10日龄左右仔猪发生的消化道传染病。临床上以排灰白色粥样稀便为主要特征,发病率高而致死率低。

①临床症状:仔猪出生后还健康,但数小时到数天后即发生下痢。病猪主要症状是脱水和下痢,黄痢仔猪排黄色稀便,内含凝乳小块。严重的精神沉郁,不吃奶,迅速脱水、昏迷而死亡。急性病例不见症状而昏迷死亡。白痢仔猪排出乳白色浆液状、糊

状粪便。病变为小肠黏膜急性卡他性炎症,肠壁扩张、变薄,肠系膜淋巴结水肿。

②防治要点:不从病猪场引进种猪。改善母猪的饲料质量和搭配,产房保持清洁干燥,注意消毒,接产时用0.1%高锰酸钾溶液擦拭乳头和乳房,使新生猪尽早吃上初乳。应用仔猪大肠杆菌三价灭活疫苗接种母猪,是预防新生仔猪大肠杆菌腹泻的最佳选择。怀孕母猪产前40天和15天各注射一次,或于产前21天左右注射一次,不论个体大小,每次耳根皮下或肌内注射5毫升/头。治疗时应全窝给药。最好先做细菌分离和药敏试验,选用敏感药物,两种药物同时使用,防止产生耐药性菌。在有本病的猪群中,也可进行药物预防,仔猪出生后马上用抗菌药物口服或注射,连续数天,但不可与动物微生态制剂同时应用。每批次仔猪之间分娩舍必须进行彻底清洗和消毒。尽量让分娩舍最少空置一周。这样,可减低分娩环境的大肠杆菌。

(2)仔猪红痢。红痢是由C型魏氏梭菌引起的急性传染病,又称仔猪传染性坏死性肠炎。主要发生于1周龄以内的仔猪,病猪偶有呕吐,主要以排红色黏液稀粪为特征,病程为最急性或急性,死亡率高。本病菌随粪便排出,污染哺乳母猪乳头、垫料,当初生仔猪吮吸母猪的奶或吞入污染物时,很短时间内即发病。

①临床症状:体温40~40.5℃。按病程分为最急性型、急性型、亚急性型和慢性型。最急性型,出生后一天内即发病,突然下痢,后躯沾满血样稀粪。仔猪虚弱,不愿走动,很快即变为濒死状态,少数病例不见血痢,便昏倒和死亡。急性型,病程常在2天,一般在第三天死亡。病中排出含有灰色坏死组织碎片的红褐色液体粪便。亚急性型,不见出血性腹泻,排黄色粪便,后成液状,内含有灰色坏死组织碎片,类似米粥样,病猪食欲不振,消瘦脱水,一般5~7天死亡。慢性型,少见,病程在一周以上,呈间歇性或持续性腹泻,粪便呈黄灰色糊状。逐渐消瘦,

九、高效养猪疫病防治技术

生长停滞,于数周后死亡或淘汰。

②防治要点:加强饲养管理,对猪舍、场地、环境经常进行清洁和消毒,特别是产房更为重要。接生前母猪的奶头要清洗消毒。可在母猪产前1个月和半个月各肌内注射仔猪红痢灭活菌苗1次,每次5~10毫升。由于本病发生迅速,病程短,发病后用药治疗疗效不佳,必要时给刚出生仔猪立即口服抗生素,每日2~3次,作为紧急药物预防。

(3)轮状病毒性下痢。由猪轮状病毒引起的猪急性肠道传染病,常致8周龄内仔猪发病,发病率50%~80%,死亡率较低。本病多发生在寒冷季节,寒冷、潮湿、污秽环境和其他应激因素可加重该病。10日龄以上小猪症状温和,腹泻1~2日逐渐恢复。

①临床症状:患猪常表现精神、食欲不振,迅速腹泻,拉黄白或灰黑水样或糊状稀粪。症状和轻重取决于日龄及环境条件。

②防治要点:治疗轮状病毒性下痢,主要是使用电解质溶液来预防脱水,同时使用抗生素防止继发感染。通常易于治愈,目前尚无有效疫苗。化学制剂消毒分娩猪舍能减少病毒的数量。推荐的消毒剂包括3.7%甲醛、67%氯胺T或漂白剂。

(4)球虫病。仔猪球虫病是由等孢球虫或某些艾美耳球虫引起的一种原虫疾病,7~14日龄仔猪最易感,且常与大肠杆菌病或病毒性腹泻病混淆,使用抗生素治疗没有效果。发病仔猪常因脱水死亡,日龄越小死亡率越高。

①临床症状:发病初期猪粪便松软呈糊状,2~3天后粪便呈灰色的黄白相间的水样稀粪,异常酸臭,后期粪便呈黑红色,恶臭,肛门红肿,周围被毛被粪便污染。仔猪食欲减退。被毛粗乱无光,皮肤灰白,缺乏弹性,眼窝下陷,饮水增加,严重消瘦,喜卧,弓背站立。严重感染的哺乳仔猪最后因脱水死亡。

②防治要点:应立即对猪舍和环境进行消毒,保持圈舍清洁

卫生，供给猪只新鲜饮水，饲喂富含维生素 A 和维生素 K 的饲料。百球清对仔猪球虫病有明显效果。产房应注意保持干燥、清洁，并防止仔猪拱咬粪便。可用氢氧化钠（浓度为 5%）或其他化学药品对猪舍进行消毒，未孢子化和孢子化过程中的卵囊易被杀死，一旦卵囊孢子化，便对大多数消毒药产生抵抗力。消灭猪等孢球虫的关键在于在准确的时间、准确的阶段用正确的药物对其进行消毒杀灭。

（5）病毒性胃肠炎。仔猪病毒性胃肠炎是一种急性、高度接触性传染病。临床以呕吐、严重腹泻、脱水、发病率高、死亡率高为特征。各年龄段的猪均可发病，但随日龄的增加，其发病率、死亡率降低。除了仔猪轮状病毒感染，还有仔猪传染性胃肠炎和仔猪流行性腹泻。

①临床症状：仔猪传染性胃肠炎主要发生于秋末至春初寒冷季节，各种年龄的猪只均易被感染发病，2 周龄以内仔猪发病率相对较高。感染猪一般在经过短暂的潜伏期后突然发病，几天内蔓延全群。部分病猪先出现呕吐，继而发生急剧频繁的水样腹泻，常夹杂有未消化的凝乳块，造成病仔猪严重脱水，死亡率很高，不死的仔猪因生长发育受阻而成为僵猪。随着日龄增大，病死率会逐渐降低。较大点的仔猪感染后的症状轻重不一，通常可见食欲不振，腹胀，接着发生水样腹泻，呈喷射状，泄泻物中可见到未完全消化的饲料，一般 1 周左右腹泻停止而康复，并产生主动免疫，但在一段时期内生长受阻，有 50% 左右的康复猪带毒，排毒达 2~8 周甚至更长，而无临床症状，这也是本病周期性暴发难以消灭的主要原因。

②防治要点：仔猪群中发现有病毒性腹泻发生时，应迅速采取防疫措施，加强消毒工作。对呕吐物和泄泻物应先喷洒消毒剂，约半小时后再冲洗，被污染的用具也应消毒。给病猪喂易消化的饲料，多饮清水。患病仔猪应让曾感染本病，有免疫力的母

猪代为哺育，可降低仔猪的死亡率。下痢仔猪也应使用抗生素治疗，以抵抗细菌混合感染。

163. 如何防治断奶仔猪的下痢？

断奶仔猪下痢主要由大肠杆菌、沙门杆菌、猪痢疾密螺旋体、鞭毛虫等引起，应查明病因，区别对待。

（1）肠炎型大肠杆菌病。本病发生于断奶后4~5日。仔猪断奶后与带菌仔猪混养是传染的主要来源。断奶后母源抗体保护断绝及饲料的变化为其诱发因素。

①临床症状：本病与乳猪大肠杆菌症状类似，一般死亡率不高，多3~5日恢复。少数下痢顽固猪，可脱水死亡或成为僵猪。

②防治要点：加强卫生与消毒，与治疗同时进行。病猪可停食1~2天，在饮水中加入阿莫西林等抗生素，并提供充足饮水。

（2）肠炎型沙门杆菌病。肠炎型沙门杆菌病又名仔猪副伤寒，常发生于2~4月龄仔猪。猪场常发生的沙门杆菌症分为两种，一种是败血性沙门杆菌病，患畜严重发病。另一种则是肠炎型沙门杆菌病，以下痢为主。沙门杆菌病来源于带菌猪，带菌猪排菌感染其他猪只，猪场内的老鼠可传播本病，污染的鱼粉也是传染媒介。沙门杆菌的发病率与饲养密度有关，密度越大，越容易传染。

①临床症状：以下痢为主的沙门杆菌病暴发均为鼠伤寒沙门杆菌（Styphimurium）所引起的，偶尔会是猪霍乱沙门杆菌（S. choleraesuis）所致。初期症状为水样黄痢，下痢持续3~7天后，自动停止，数天后复发，断续的下痢持续数周。下痢偶尔含血迹及黏液。病猪同时发热，食欲减退。经数天后严重脱水死亡，但死亡率低，病程2~3周。多数病猪痊愈后成为带菌者，能排菌1个月之久。一些猪只从此发育不良，日渐消瘦。

②防治要点：抗生素治疗已发病猪只，效果不佳。治疗前最

好先分离细菌进行药物敏感性试验以选用有效的抗生素。治疗应与改善饲养管理同时进行。在仔猪下痢之前,使用药物添加剂可有效预防此病。常发本病的猪场可考虑给幼龄猪接种猪副伤寒菌苗。

(3) 败血型沙门杆菌病。本病多由猪霍乱沙门杆菌引起。病猪发热、精神忧郁、不食、耳及胸腹皮肤发绀。后期间有下痢。病程2~4日,死亡率很高。剖检尸体可见全身黏、浆膜出血,脾肿大,肝有细小坏死点,结肠黏红肿发炎。败血型沙门杆菌病与防治肠炎型的类似。

(4) 猪痢疾。猪痢疾又叫猪血痢,是由猪痢疾密螺旋体引起的一种严重的肠道传染病,主要临诊症状为严重的黏液性出血性下痢,急性型以出血性下痢为主,亚急性和慢性以黏液性腹泻为主。剖检病理特征为大肠黏膜发生卡他性、出血性及坏死性炎症。

①临床症状:最常见的症状是出现程度不同的腹泻。一般是先拉软粪,渐变为黄色稀粪,内混黏液或带血。病情严重时所排粪便呈红色糊状,内有大量黏液、出血块及脓性分泌物。有的拉灰色、褐色甚至绿色糊状粪,有时带有很多小气泡,并混有黏液及纤维素性伪膜。病猪精神不振、厌食、喜饮水、拱背、脱水、腹部卷缩、行走摇摆、用后肢踢腹、被毛粗乱无光、迅速消瘦,后期排粪失禁。肛门周围及尾根被粪便沾污,起立无力,极度衰弱死亡。大部分病猪体温正常。慢性病例症状较轻,粪中含较多黏液和坏死组织碎片,病期较长,消瘦,生长停滞。

②防治要点:要对病猪及时治疗,药物治疗常有一定效果,痢菌净、二甲硝基咪啶、硫酸新霉素、痢特灵、林肯霉素、四环素族抗生素等多种抗菌药物都有一定疗效。需要指出,该病治后易复发,须坚持疗程和改善饲养管理相结合,方能收到好的效果。防止从病场购入带菌种猪,如果引入,猪只须隔离观察和

九、高效养猪疫病防治技术

检疫。

(5) 猪鞭毛虫病。猪鞭毛虫亦称猪毛首线虫，该寄生虫主要寄生在猪的大肠内，对仔猪危害较大，严重感染时可引起仔猪死亡。猪毛首线虫在小猪寄生较多，1.5月龄的猪即可检出虫卵，4月龄的猪虫卵较多，以后逐渐减少，14月龄以上的猪极少感染。临床上可见到贫血、腹泻或出血性腹泻。严重时病猪消瘦，皮肤失去弹性，结膜苍白，腹泻，有时排出水样血便并有黏液，生长停滞，步态不稳，最后死亡。丙硫苯咪唑对本病有良好的疗效。猪场要定期驱虫，特别在流行地区，每年春秋两季要定期驱虫。

164. 如何防治猪的呼吸道疾病？

猪呼吸道疾病主要由支原体、放线杆菌、败血波氏杆菌、多杀性巴氏杆菌等引起，应查明病因，区别对待。

(1) 猪气喘病。猪气喘病也称为猪喘气病、猪支原体性肺炎，国外称为猪地方流行性肺炎，是猪的一种慢性接触性呼吸道传染病。本病在世界各地广泛分布，猪主要表现气喘和咳嗽，病猪通常死亡率不高，但长期生长发育不良，饲料报酬低，同时易继发感染很多疾病，无形中给养猪业造成了重大的损失。

①临床症状：本病潜伏期10~16天。主要症状为咳嗽和气喘。病初为短声连咳，在早晨出圈后受到冷空气的刺激，或经驱赶运动和喂料的前后最容易听到，同时有少量清鼻液，病重时流灰白色黏性或脓性鼻液。在病程的中期出现气喘症状，呼吸次数每分钟达60~80次，呈明显的腹式呼吸，此时咳嗽少而低沉。体温一般正常，食欲无明显变化。病程后期气喘加重，甚至张口喘气，同时精神不振，猪体消瘦，不愿走动。这些症状可能随饲养管理和环境条件的好坏而减轻或加重，病程可拖延数月，病死率一般不高。隐性型病猪没有明显症状，有时发生轻咳，全身状

况良好,生长发育几乎正常,但 X 线检查或剖检时,可见到气喘病病灶。

②防治要点:新一代喹诺酮类是对本病最优的治疗药。用猪气喘病兔化弱毒冻干苗进行免疫,保护率80%,免疫期8个月。对有发病史的猪舍,加强饲养管理,搞好环境卫生,注意通风、采光、保温,可有效减少发病。

(2)猪传染性胸膜肺炎。猪传染性胸膜肺炎是由胸膜肺炎放线杆菌引起猪的一种高度传染性呼吸道疾病,又称为猪接触性传染性胸膜肺炎。以急性出血性纤维素性胸膜肺炎和慢性纤维素性坏死性胸膜肺炎为特征,急性型呈现高死亡率。广泛分布于英国、德国、瑞士、丹麦、澳大利亚、加拿大、墨西哥、阿根廷、瑞典、波兰、日本、美国、中国等国家,给集约化养猪业造成巨大的经济损失,特别是近十几年来本病的流行呈上升趋势,被国际公认为危害现代养猪业的重要疫病之一。我国于1987年首次发现本病,此后流行蔓延开来,危害日趋严重,成为猪细菌性呼吸道疾病的主要疫病之一。

①临床症状:根据本病的病程不一,可分为急性、亚急性和慢性。急性猪突然发病,体温升高至41℃以上,心率增加,精神沉郁,废食,出现短期的腹泻和呕吐症状,早期病猪无明显的呼吸道症状。后期心衰,鼻、耳、眼及后躯皮肤发绀,晚期呼吸极度困难,常呆立或呈犬坐式,张口伸舌,咳喘,并有腹式呼吸。临死前体温下降,严重者从口鼻流出泡沫血性分泌物。亚急性和慢性猪常由急性转变而成,体温不高或略有升高,食欲不振,阵咳或间断性咳嗽,增重率降低。在慢性感染群中,常有许多无症状病猪,如有其他呼吸道感染,症状加剧。本病首发时还可出现流产。

②防治要点:猪群发病时,应以解除呼吸困难和抗菌为原则进行治疗,并使用足够剂量的抗生素和保持足够长的疗程。本病

早期治疗可收到较好的效果，但应结合药敏试验结果而选择抗菌药物。一般可用青霉素、新霉素、四环素、泰妙菌素、泰乐菌素等。饲料饮水添加药物只限于初期暴发本病时作为预防。如果饲料或饮水添加药物治疗再配合注射，效果会更好。通常一次注射不能彻底治疗。针剂治疗病猪至少需 3 天。

（3）萎缩性鼻炎。萎缩性鼻炎是指猪传染性萎缩性鼻炎，是一种慢性传染病。本病主要是因支气管败血波氏杆菌的 I 相菌感染，其次是产毒素的多杀性巴氏杆菌（主要是 D 型）感染形成。前者单独感染时，鼻腔病变较轻，如果两者混合感染或继发感染时，则鼻腔病变很重。有时还可分离到绿脓杆菌、放线菌、毛滴虫及猪细胞巨化病毒。支气管败血波氏杆菌是小杆菌或球杆菌，革兰阴性，有两极着染的特点，有荚膜，能产生强坏死毒素。本菌的抵抗力不强，一般消毒药均可杀死。外表表现是以鼻甲骨（特别是下卷曲）萎缩、颜面部变形、慢性鼻炎为特征。本病随着养猪生产的工业化和集约化程度的提高，发病率有增加趋势，影响仔猪的生长发育。

①临床症状：病仔猪表现先打喷嚏，有鼾声，鼻孔流出少量浆液性或黏脓性分泌物，有时带有血丝，不时拱地、搔扒或摩擦鼻部。经常流泪，以致在内眼角下的皮肤上形成灰色或黑色的泪斑。数周后，少数猪可以自愈，但大多数猪有鼻甲骨萎缩变化，经过两三个月，鼻和面部变形。若两侧鼻腔的病理损害大致相等，则鼻腔变得短小，鼻端向上翘起，鼻背部皮肤粗厚，有较深的皱褶，下颌伸长。若一侧鼻腔病损严重时，则两侧鼻孔大小不一，鼻歪向病损严重的一侧。个别病例可引起肺炎。

②防治要点：本病治疗应从两方面入手，一方面，应加强饲养管理和外界环境的消毒，消除外源因素对治疗的干扰，在此基础上对病猪的鼻腔进行冲洗，消除鼻腔中的有害细菌，可结合使用 0.1% 高锰酸钾或 1% ~2% 硼酸和抗生素。另一方面，用抗生

素进行注射，可选用环丙沙星、庆大霉素，当然通过药敏试验筛选高敏药物最为理想。另外还可给病猪静脉注射一些葡萄糖盐水和维生素 C 等，以辅助治疗。本病发生以后，应及时做好隔离、封锁、卫生和消毒工作。猪舍每周用火碱消毒 2 次，对猪群进行检疫，病猪隔离，不可外调，以免扩散疫情。死猪及污染物品应进行无害化处理。

(4) 猪流行性感冒。猪流行性感冒是猪的一种急性、传染性呼吸器官疾病。其特征为突发、咳嗽、呼吸困难、发热及迅速转归。猪流感是猪体内因病毒引起的呼吸系统疾病。猪流感由甲型流感病毒（A 型流感病毒）引发，通常暴发于猪之间，传染性很高，但通常不会引发死亡。秋冬季属高发期，但全年可传播。猪流感多被辨识为丙型流感病毒（C 型流感病毒），或者是甲型流感病毒的亚种之一。该病毒可在猪群中造成流感暴发。通常情况下人类很少感染猪流感病毒。

①临床症状：本病潜伏期很短，几小时到数天，自然发病时平均为 4 天。发病初期病猪体温突然升高至 40.3～41.5℃，厌食或食欲废绝，极度虚弱乃至虚脱，常卧地。呼吸急促、腹式呼吸、阵发性咳嗽，从眼和鼻流出黏液，鼻分泌物有时带血。病猪挤卧在一起，难以移动，触摸肌肉僵硬、疼痛，出现膈肌痉挛，呼吸顿挫，一般称之为打嗝儿。如有继发感染，则病势加重，发生纤维素性出血性肺炎或肠炎。母猪在怀孕期感染，仔猪在产后 2～5 天发病很重，有些在哺乳期及断奶前后死亡。

②防治要点：对病猪要对症治疗，防止继发感染。使用抗生素控制细菌感染，发病期间随时给予清洁的饮水是必要的。为了防止人畜共患，饲养管理员和直接接触生猪的人宜做到有效防护措施，注意个人卫生。

(5) 猪肺疫。猪肺疫是由多杀性巴氏杆菌引起的一种急性传染病（猪巴氏杆菌病），俗称"锁喉风""肿脖瘟"。呈急性或

九、高效养猪疫病防治技术

慢性经过,急性呈败血症变化,咽喉部肿胀,高度呼吸困难。本病为散发,偶尔地方流行,常发于湿热多雨季节。猪健康带菌现象普遍,其发生与环境条件及饲养管理关系密切。当环境恶劣,饲养不良,猪抵抗力下降时可以诱发自体感染而发病。

①临床症状:根据病程长短和临床表现分为最急性型、急性型和慢性型。最急性型未表现任何症状,突然发病,迅速死亡。病程稍长者表现体温升高到41~42℃,食欲废绝,呼吸困难,心跳急速,可视黏膜发绀,皮肤出现紫红斑。病猪呼吸极度困难,常呈犬坐姿势,伸长头颈,有时可发出喘鸣声,口鼻流出白色泡沫,有时带有血色。一旦出现严重的呼吸困难,病情往往迅速恶化,很快死亡。死亡率常高达100%,自然康复者少见。急性型最常见。体温升高至40~41℃,初期为痉挛性干咳,呼吸困难,口鼻流出白沫,有时混有血液,后变为湿咳。随病程发展,呼吸更加困难,常做犬坐姿势,胸部触诊有痛感。精神不振,食欲不振或废绝,皮肤出现红斑,后期衰弱无力,卧地不起,多因窒息死亡。病程5~8天,不死者转为慢性。慢性型主要表现为肺炎和慢性胃肠炎,时有持续性咳嗽和呼吸困难,有少许黏液性或脓性鼻液。关节肿胀,常有腹泻,食欲不振,营养不良,有痂样湿疹,发育停止,极度消瘦,病程2周以上,多数发生死亡。

②防治要点:青霉素、链霉素和四环素族抗生素对猪肺疫都有一定疗效。应用灭活苗或弱毒苗免疫接种,加上改善环境及饲养条件可以预防发病。发生本病时,应将病猪隔离、封锁、严密消毒。同栏的猪,用血清或疫苗紧急预防。对散发病猪应隔离治疗,消毒猪舍。

165. 如何预防猪的皮肤病？

本病治疗效果不一，病发早期，以针剂抗生素治疗可收良效，感染的部分可采用局部皮肤防腐剂冲洗。

（1）乳猪的皮肤病。

①口腔坏死杆菌病：此病乃乳猪皮肤受伤而继发坏死梭状杆菌感染。病初仔猪厌食、体温升高、流涎、口臭、流鼻液和气喘。检查口腔时，可见舌、齿龈、上颌、颊部、喉头等处黏膜有伪膜形成，灰褐色或灰白色，易剥脱，剥离后可见不规则的溃烂面，容易出血。发生在咽喉部时，病猪不能吃食和吞咽，呼吸困难，下颌水肿。如果病变蔓延到肺部或坏死物吸入肺内，可形成化脓性肺炎，常导致病猪死亡。治疗时先将痂皮刮除，用0.1%高锰酸钾溶液冲洗口腔，然后涂上碘甘油或抗生素软膏。预防此病可将出生乳猪的犬齿剪断。

②猪油皮病：又称猪渗出性表皮病、猪脂油病，是由嗜皮肤病毒所引起，多发生于1月龄以内的仔猪，发病率10%~90%，病死率5%~90%，具有高度传染性，可通过口、鼻、皮肤接触感染，大猪少见。发病猪眼周围和胸腹部皮肤充血、潮湿，皮毛无光泽，皮肤覆盖有大量血清样的黏性分泌物，呈油脂性痂皮，棕红色斑点，并有恶臭。鼻盘、舌上、蹄冠、蹄踵部形成水痂和糜烂，甚至蹄壳脱落，跛行。眼周渗出液可致结膜炎、角膜炎，上下眼睑粘连。本病治疗效果不一，病发早期，以针剂抗生素治疗可收良效，感染的部分可采用局部皮肤防腐剂（碘仿）冲洗。

（2）断奶仔猪皮肤病。

①玫瑰糠疹（伪钱癣）：其特征是在皮肤上发生浅红色的糠疹，发病率高而死亡率低，多发生于哺乳期仔猪，10日龄之前极少见，每窝1~2头发病，或多数发病，一般发病率约50%。10~14周龄小猪开始发生。皮肤病变多发生在腹部和乳头，严

重者也向全身扩展。开始是小的浅红色隆起，以后增大为直径1~2厘米的环状红斑，边缘明显，中央覆盖薄的、干燥的棕色松散的鳞屑，有时呈镶嵌式融合成片状，病猪发育停滞、消化紊乱、厌食。本病一般经过4~8周可以自愈，无须治疗，但应注意皮肤卫生，防止继发感染。较严重的，可用5%水杨酸软膏或含碘的石蜡油滋润患部皮肤，肌内注射地塞米松和维生素C。

②猪痘：本病由病毒引起，直接接触传染。皮肤损伤是猪痘感染的必要条件。猪虱及其他吸血昆虫对皮肤损伤使病毒得以进入皮肤。发生于幼猪、育肥猪，潜伏期5~7天，病初体温升高至41.5℃左右，精神不振，食欲减退，不愿行走，瘙痒，少数猪的鼻、眼有分泌物。随之在少毛部位发生白斑，开始为深红色的硬结节，突出于皮肤表面，腹下、头部、四肢及胸部皮肤略呈半球状，不久变成痘疹，逐渐形成脓疱，继而结痂痊愈。典型病例初呈现红斑，遍布全身，继而出现孤立圆形丘疹，凸出于皮肤，发展成水疱，转为脓疱破溃形成痂皮。整个发展过程患猪表现奇痒难耐，磨蹭墙壁、围栏。传染快，同群猪感染率可达100%，但死亡率一般不超过3%~5%，多数是因并发症造成死亡。猪痘无特效疗法，可用抗生素肌内注射以防止继发感染。

（3）任何年龄猪皆可感染的皮肤病。

①猪疥癣：由疥螨虫寄生在猪体皮肤内引起的一种慢性皮肤病。以皮肤发痒、皮屑增多、发炎等为特征。本病多发生于阴湿寒冷的冬季，尤其是在饲养密度大、拥挤和卫生条件不良的猪场发病特别严重。各种年龄、性别、品种的猪只均可发生。猪疥癣通常起始于头部、颊及耳部，以后蔓延到背部、躯干两侧及后肢内侧。患猪局部发痒，常以肢搔痒或就墙角、柱栏等处磨蹭。数日后，患部皮肤上出现针头大小的结节，随后形成水疱或脓疱。当水疱及脓疱破溃后，结成痂皮。病情严重时体毛脱落。皮肤的角质化程度增强，干枯，出现皱纹或龟裂，食欲减退，生长停

滞，逐渐消瘦，甚至死亡，对养猪生产的危害十分严重。

防治要点：用药局部涂抹或喷洒治疗时，为使药物充分接触虫体，宜先用肥皂水或清洁水洗刷患部、清除痂壳和污物。赛巴安浇泼有良好疗效，治疗必须是全场猪只或每个猪舍同时处理。无论使用何种制剂，切记疥癣治疗应对全部猪只用药而非某部分猪群。单独治疗严重疥癣患猪而忽略其他猪会导致疥癣反复出现。为预防本病，平时要保持猪舍清洁卫生，干燥，通风透光。垫草应常晒，保持清洁干燥。

②猪虱：本病是因猪虱寄生于猪机体表面引起的寄生虫病。猪虱多寄生于耳基部周围、颈部、腹下、四肢内侧。受害猪表现为不安、瘙痒、食欲减退、营养不良，不能很好睡眠，导致机体消瘦，尤其仔猪症状表现明显。可引起皮肤红疹，啃痒与擦伤以及化脓性皮炎，有脱毛与脱皮现象，严重感染则造成贫血。猪虱吸血时，分泌有毒唾液引起痒觉，病猪到处擦痒，造成皮肤损伤、脱毛。在寄生部位容易发现成虫和虱卵，故易于确诊。可用 $0.5\%\sim1\%$ 敌百虫水溶液喷洒或药浴 $1\sim2$ 次。所有处理疥癣的要点均适用于猪虱与蚤。治疗疥癣时，各种体外寄生虫亦被清除。

③皮肤霉菌病（钱癣）：猪皮肤霉菌病是由多种皮肤霉菌引起的人、畜、禽共患的皮肤传染病，又称皮肤真菌病、表面真菌病、小孢子病等。该病分布于世界各地。对猪主要引起被毛、皮肤、蹄等角质化组织的损害，形成癣斑，表现为脱毛、脱屑炎性渗出、痂块及痒感等特征性症状，俗称钱癣、脱毛癣、秃毛癣等。发癣菌是主要病原，侵害皮肤、毛发和角质。皮肤霉菌的孢子抵抗力很强，对一般消毒药剂耐受性强，可用 $2\%\sim5\%$ 苛性钠或 3% 的福尔马林、5% 戊二醛用于猪舍和污染环境的消毒。发癣菌对一般抗生素均不敏感，制霉菌素、两性霉素B对该菌有抑制作用。

④角化不全症：猪的角化不全症是由于饲料中缺乏某种微量

元素引起的,目前,已知锌对控制和治疗猪的角化不全症有重要作用。有时饲料中并不缺少锌,但由于钙的含量多常影响锌的吸收。此病一般发生于长期单纯用干粉料饲喂的猪只。症状发生于7~16周龄,病猪最初皮肤上出现小红斑,上覆鳞屑,之后全身或局部的皮肤干燥变厚,弹力减退,尤以眼睑、颈部、腹下、腹侧、四肢、内股等处比较明显,常两侧对称,一般无痒感,但也有例外。有时因搔擦而发生破溃,如感染了化脓菌则引起局部糜烂。轻症病猪体温、食欲均无明显异常,重症病猪可见食欲减退,生长发育迟缓。

166. 猪的繁殖障碍性疾病主要有哪些?

(1) 细小病毒病。猪细小病毒病是由猪细小病毒引起的一种猪的繁殖障碍病。以怀孕母猪发生流产、死产、木乃伊胎为特征。本病具有很高的感染性,不同年龄、性别的家猪和野猪均易感。3个月内几乎可导致猪群100%感染。传染源主要来自感染细小病毒的母猪和带毒的公猪,后备母猪比经产母猪易感染。该病毒能通过胎盘垂直传播,感染母猪所产的死胎、仔猪及子宫内的排泄物中均含有很高滴度的病毒,而带毒猪所产的活猪也可能带毒,排毒时间很长甚至终生。本病多发生于春、夏季节或母猪产仔和交配季节。母猪怀孕早期感染时,胚胎死亡率高达80%~100%。

①临床症状:怀孕母猪出现繁殖障碍,如流产、死胎、产木乃伊胎、产后久配不孕等,其他猪感染后无明显临床症状。母猪在怀孕早期30~50天感染,胚胎死亡或被吸收,使母猪不孕和不规则地反复发情。怀孕中期50~60天感染,胎儿死亡之后形成木乃伊胎。怀孕后期60~70天以上的胎儿有免疫能力,能够抵抗病毒感染,大多数胎儿能存活下来,但可长期带毒。

②防治要点:本病目前尚无有效治疗方法,主要采取预防措施,可对种猪,特别是后备种猪进行疫苗接种预防本病。原则上

实行自繁自养,防止将病毒猪引入无病猪场。从场外引进种猪时,须选自非疫区的健康猪群,进行猪细小病毒病的血凝抑制试验。进场后进行定期隔离检疫,确保健康时方能混群饲养或配种。

(2)猪肠道病毒感染症。猪肠道病毒普遍存在于世界所有养猪地区。血清型比较复杂,现已分为9个型。此病毒的典型代表是引起严重脑脊髓灰质炎的捷申病病毒。此外,其他血清型的猪肠道病毒分别引起猪的腹泻、肺炎、心肌炎和心包炎、猪传染性水疱病和繁殖障碍综合征。9个血清型中,除猪水疱病病毒未经发现与繁殖障碍有关外,其余均与繁殖障碍有关。猪群中受感染母猪经一胎受影响后,一般已产生抗体而获得免疫力,可恢复正常产仔,抗体可保护母猪不再受从子宫以外的其他途径造成的胎儿感染,但经子宫内感染,抗体则无保护能力。因此,肠道病毒感染造成的繁殖障碍只是偶发于母猪群。

①临床症状:猪肠病毒感染可引起母猪繁殖障碍,如死产、木乃伊胎、死胎以及新生胎儿畸形和水肿。因为感染毒株血清型不同,可引起肺炎、心包炎和心肌炎、腹泻和脑脊髓炎等多种症候群。大多数病猪感染后不表现临床症状。猪是猪肠道病毒的唯一自然宿主。

②防治要点:本病无有效的治疗药物,主要控制方法是在配种之前至少1个月使后备母猪暴露于地方流行的猪肠道病毒,可取来自不同窝的新断奶仔猪的粪便混入后备母猪饲料使之感染。免疫之后再配种,这有助于易感猪产生肠病毒的抗体。但应避免引进怀孕的新母猪。

(3)钩端螺旋体病。钩端螺旋体病是由致病性钩端螺旋体引起的一种人兽共患和自然疫源性传染病。猪钩端螺旋体病一般呈隐性感染,也时有暴发。急性病例以发热、血红蛋白尿、贫血、水肿、流产、黄疸、皮肤和黏膜坏死为特征。猪的带菌率和发病率较高。该病呈世界性分布,在热带、亚热带地区多发。

①临床症状：急性型多见于仔猪，亚急性型和慢性型主要以损害生殖系统为特征。病猪初期体温有不同程度升高，眼结膜潮红、浮肿，有的泛黄，有的下颌、头部、颈部和全身水肿。母猪一般无明显的临诊症状，有时可表现出发热、无乳。但妊娠不足4~5周的母猪，受到钩端螺旋体感染后4~7天可发生流产和死产，流产率可达20%~70%。怀孕后期的母猪感染后可产弱仔，仔猪不能站立，不会吸乳，1~2天死亡。

②防治要点：本病最主要的控制办法是接种菌苗及抗生素治疗。鼠患是主要的钩端螺旋体感染源。鼠患的控制再配合猪场卫生措施及消毒有助于控制本病。

（4）布氏杆菌病。猪布氏杆菌病是由布鲁杆菌引起的人兽共患的一种急性或慢性传染病。本病的特征是妊娠母畜发生流产、胎衣不下、生殖器官及胎膜发炎、睾丸炎、巨噬细胞增生和形成肉芽肿。本病已广泛分布于世界各地，给畜牧业和人的健康带来较大的危害。大部分的病畜最后均会自行恢复，仅有少数变成持久性感染成为持续感染源。

①临床症状：母猪主要症状是流产，大多发生在怀孕的第30~50天或80~110天，在妊娠的2~3周早期流产时，胎儿和胎衣多被母猪吃掉，常不被发现。流产前可见母猪精神沉郁，阴唇和乳房肿胀，有时可见从阴道流出分泌物，也有流产前见不到明显的症状。流产的胎儿大多为死胎，并可能发生胎衣不下及子宫炎，影响配种。有的病猪产出弱胎或木乃伊胎。公猪主要症状是睾丸炎和附睾炎，一侧或两侧无痛性肿大，有的极为明显。无论公、母猪都可能发生关节炎，大多发生在后肢，偶见于脊柱关节，可使病猪后肢麻痹，局部关节肿大、疼痛，关节囊内液体增多，出现关节僵硬，跛行。

②防治要点：布氏杆菌病尚无特效治疗药物，定期进行免疫注射，是预防控制本病的有效措施。

(5)猪呼吸与繁殖障碍综合征。猪呼吸与繁殖障碍综合征是近年来新发现的一种急性、高度传染性病毒综合征。受感染的猪群主要以繁殖障碍和有呼吸系统症状为特征,母猪表现为流产,产木乃伊胎、死胎、弱仔,呼吸困难。仔猪患病后亦有呼吸困难症状。该病又名"猪不育和呼吸综合征""蓝耳病",是严重危害养猪业的病毒性疾病之一。

①临床症状:各年龄段的猪发病后大多表现有症状,但具体症状不尽相同。发病母猪主要表现为精神沉郁、食欲减少或废绝、发热,出现不同程度的呼吸困难,妊娠后期(105~107天),母猪发生流产、早产、死胎、木乃伊胎、弱仔。母猪流产率可达50%~70%,死产率可达35%以上,木乃伊胎可达25%,部分新生仔猪表现呼吸困难,运动失调及轻瘫等症状,产后1周内死亡率明显增高(40%~80%)。少数母猪表现为产后无乳、胎衣停滞及阴道分泌物增多。1月龄仔猪表现出典型的呼吸道症状,呼吸困难,有时呈腹式呼吸,食欲减退或废绝,体温升高至40℃以上,腹泻。病猪被毛粗乱,共济失调,渐进性消瘦,眼睑水肿。少部分仔猪可见耳部、体表皮肤发紫,断奶前仔猪死亡率可达80%~100%,断奶后仔猪的增重降低,日增重可下降50%~75%,死亡率升高(10%~25%)。耐过猪生长缓慢,易继发其他疾病。生长猪和育肥猪表现出轻度的临诊症状,有不同程度的呼吸系统症状,少数病例可表现出咳嗽及双耳背面、边缘、腹部及尾部皮肤出现深紫色。感染猪易发生继发感染,并出现相应症状。种公猪的发病率较低,主要表现为一般性的临诊症状,但公猪的精液品质下降,精子出现畸形,精液可带毒。

②防治要点:临床上没有特效药物,只能采取对症治疗的办法加以控制。使用抗菌剂有利于控制二次细菌感染。最根本的办法是消除病猪、带毒猪和彻底消毒猪舍(如热水清洗、空栏消毒),严密封锁发病猪场,对死胎、木乃伊胎、胎衣、死猪等,

应进行焚烧等无害化处理,及时扑杀、销毁患病猪,切断传播途径。坚持自繁自养,因生产需要不得不从外地引种时,应严格检疫,避免引入带毒猪。

(6)猪伪狂犬病。猪伪狂犬病是由伪狂犬病病毒引起的一种急性传染病。特征为发热和脑脊髓炎,无剧痒。成年猪一般呈隐性感染,可有流产、死胎、呼吸道症状。哺乳仔猪除有脑脊髓炎症状外,还侵犯呼吸系统。伪狂犬病严重危害养猪业的发展,为此规模场做好伪狂犬病的防治十分重要。该病最早发现于美国,后来由匈牙利科学家首先分离出病毒。20世纪中期,在东欧及巴尔干半岛的国家流行较广,60年代之前,猪被感染后其症状比较温和,在养猪业中未造成重大经济损失。

①临床症状:新生仔猪感染伪狂犬病病毒会引起大量死亡,15日龄以内的仔猪感染本病,病情极严重,发病死亡率可达100%。体温上升达41℃以上,精神极度委顿,发抖,运动不协调,痉挛,呕吐,腹泻,极少康复。断奶仔猪感染伪狂犬病病毒,发病率在20%~40%,死亡率在10%~20%,主要表现为神经症状、腹泻、呕吐等。成年猪一般为隐性感染,若有症状也很轻微,易于恢复。主要表现为发热、精神沉郁,有些病猪呕吐、咳嗽,一般4~8天可完全恢复。怀孕母猪可发生流产、产木乃伊胎或死胎,其中以死胎为主。无论是头胎母猪还是经产母猪都发病,而且没有严格的季节性,但以寒冷季节即冬末春初多发。

②防治要点:本病尚无特效治疗药物,紧急情况下,用高免血清治疗,可降低死亡率。疫苗免疫接种是预防和控制伪狂犬病的根本措施,目前国内外已研制成功伪狂犬病的常规弱毒疫苗、灭活疫苗以及基因缺失疫苗(包括基因缺失弱毒苗和灭活苗),这些疫苗都能有效地减轻或防止伪狂犬病的临诊症状,从而减少该病造成的经济损失。消灭牧场中的鼠类,对预防本病有重要意

义。同时，还要严格控制犬、猫、鸟类和其他禽类进入猪场，严格控制人员来往，并做好消毒工作及血清学监测，这样对本病的防治也可起到积极的推动作用。此外，对猪群采血做血清中和试验，阳性者隔离、淘汰。以3~4周为间隔反复进行，一直到两次试验全部阴性为止。另外一种方式是培育健康猪，母猪产仔断奶后，尽快分开，隔离饲养，每窝小猪均须与其他窝小猪隔离饲养。到16周龄时，做血清学检查（此时母源抗体转为阴性），所有阳性猪淘汰，30日后再做血清学检查，把阴性猪合成较大群，最终建立新的无病猪群。

（7）乙型脑炎。乙型脑炎是由日本乙型脑炎病毒引起的一种急性人兽共患传染病。又名流行性乙型脑炎，主要以母猪流产、死胎和公猪睾丸炎为特征。

①临床症状：猪只感染乙型脑炎时，临诊上几乎没有脑炎症状的病例。病猪体温升高至40~41℃，呈稽留热。精神沉郁，食欲减少，饮欲增加。结膜潮红，有的视力障碍。病猪后肢呈轻度麻痹，步行跛跄，关节肿大，最后后肢麻痹，倒地不起而死亡。妊娠母猪患病时，常突然发生流产，产死胎或木乃伊胎。流产多发生在妊娠后期，流产时乳房胀大，流出乳汁，常见胎衣停滞，自阴道流出红褐色或灰褐色黏液。流产胎儿有的已呈木乃伊化，有的死亡不久全身水肿，有的仔猪生后几天内发生痉挛而死亡，有的仔猪生长发育良好。公猪发病后表现为睾丸炎，高热后一侧或两侧睾丸肿胀、阴囊发热，指压睾丸有痛感。数日后睾丸肿胀消退，逐渐萎缩变硬。

②防治要点：此病无治疗方法，一旦确诊最好淘汰。控制传染源及传播媒介，做好灭蚊、防蚊工作，切断传播途径，可减少疫病发生。在乙型脑炎流行季节前1~2个月对猪群接种乙型脑炎弱毒疫苗进行预防。

九、高效养猪疫病防治技术

167. 养猪为什么要定期驱虫？

寄生虫是养猪场最容易忽视的问题，也是对养猪场危害最大的因素之一。寄生虫成虫与猪争夺营养成分，幼虫造成猪营养吸收不良，移行幼虫破坏猪的肠壁、肝脏的组织结构和生理功能，诱发肺炎、肠炎、血样腹泻、痢疾、溃疡、贫血等，造成的损失达猪场产值的8%，使猪的生长速度降低10%~12%，饲料利用率降低12%。

寄生虫通常分为体内寄生虫和体外寄生虫两种。体内寄生虫通常包括蛔虫、线虫和丝虫等，体外寄生虫通常包括蜱、螨（猪疥螨）以及虱和蚤等。不同的寄生虫对于猪只造成的危害也不同。对于体内寄生虫来讲，通常情况下会与猪只争夺营养，使得饲料利用率降低，导致患寄生虫疾病的猪极度消瘦，逐渐形成僵猪。成虫穿入肝实质的小胆管中，造成胆管阻塞，严重者阻塞肠道，撑破肠道使肠内容物外漏，最终导致猪死亡。寄生虫移行明显加剧流感、病毒性肺炎、血样腹泻、痢疾等病的危害。而猪被体外寄生或吸血部位受刺激，产生痒感，会不停地啃咬痒部或躁动不安，在物体上摩擦造成皮肤出血与结痂、脱皮等皮肤损伤，引发渗出性皮炎。寄生虫能传播各种疾病，如附红细胞体、支原体、衣原体、螺旋体和各种细菌、病毒病等。据有关资料显示，寄生虫病能延迟猪上市，降低断奶窝重约5千克，增加仔猪死亡率，感染母猪每年少产断奶仔猪1.5头。母猪由于产后体重下降，推迟发情。不管是猪只体内寄生虫还是体外的寄生虫，它们在致病过程中所产生的症状及危害都是渐进、缓慢的，一般不会像细菌性、病毒性疾病那样来的快速、突然。但是寄生虫感染对养猪业的经济效益影响不容忽视，养猪生产者经常会把寄生虫当作是养猪业利润的"隐形杀手"。因此，猪场应定期进行驱虫保健，做好预防保健，防患于未然。

168. 怎样防治猪寄生虫病?

寄生虫病是世界上分布广、种类多、危害严重的一类疾病。驱虫是养猪生产中的重要措施之一,但要获得较理想的效果却要掌握一定技巧。有虫猪一般表现为生长缓慢或长期消瘦、呼吸急促、咳嗽、被毛粗乱无光、卧地吃食、粪便带血等,一般多见于2~6月龄猪。

(1) 猪蛔虫病。猪蛔虫病是由猪蛔虫寄生于猪小肠引起的一种线虫病,呈世界性流行,集约化养猪场和散养猪均广泛发生。我国猪群的感染率为17%~80%,平均感染强度为20~30条。感染本病的仔猪生长发育不良,增重率可下降30%。严重患病的仔猪生长发育停滞,形成"僵猪",甚至造成死亡。猪只可经过被虫卵污染的饲料、饮水、泥土而感染。因此,猪蛔虫病是造成养猪业损失最大的寄生虫病之一。

①临床症状:猪只感染后一周,临诊表现为咳嗽、呼吸增快、体温升高、食欲减退和精神沉郁。病猪伏卧在地,不愿走动,有时蛔虫可进入胆管,造成胆管堵塞,引起黄疸等症状。成虫能分泌毒素,作用于中枢神经和血管,引起一系列神经症状。成虫夺取宿主大量的营养,使仔猪发育不良,生长受阻,被毛粗乱,常是造成"僵猪"的一个重要原因,严重者可导致死亡。

②防治要点:在规模化猪场,首先要对全群猪驱虫;以后公猪每年驱虫2次;母猪产前1~2周驱虫1次;仔猪转入新圈时驱虫1次;新引进的猪需驱虫后再和其他猪并群。产房和猪舍在进猪前应彻底清洗和消毒。长期受到蛔虫侵扰的猪舍,应经常清除粪便,堆积发酵以杀灭虫卵,保持良好的环境卫生,彻底清洗猪栏,防止饲料饮水被粪便污染。治疗或是预防性驱虫,可采用甲苯咪唑、敌百虫等。

(2) 猪鞭虫病。猪鞭虫病是由猪鞭虫引起的,又称猪毛首线虫病。虫体为乳白色,前部细长,后部短粗,外观极似马鞭,故称鞭虫。我国各地均有报道,长期以来一直是影响养猪业发展的一个普遍问题。猪鞭虫的成虫寄生于盲肠与结肠黏膜表面。虫卵自粪中排出需要至少3周才发育成含幼虫的虫卵。经口感染后在结肠与盲肠内发育成成虫。从感染到成虫排卵共需6~7周。

①临床症状:感染轻者一般无明显症状。若寄生几百条即可出现症状,轻度贫血,间隙性腹泻,日渐消瘦,被毛粗乱。严重感染(虫体达数千条)时精神沉郁,食欲减少,结膜苍白,贫血,顽固性腹泻,粪稀薄,有时夹血丝或血便。身体虚弱,弓腰吊腹,行走摇摆。体温39.5~40.5℃,死前排水样血色粪,带黏液。最后因呼吸困难、脱水、极度衰竭而死。

②防治要点:仔猪断乳时应驱虫1次,经1.5~2个月后再驱虫1次。搞好栏舍卫生,定期消毒,粪便沤制发酵,以消灭虫卵。可用敌百虫、左旋咪唑等治疗。

(3)兰氏类圆线虫病。兰氏类圆线虫病是由兰氏类圆线虫引起的一种寄生虫病。主要危害3~4周龄的仔猪。可引起严重的小肠炎。病猪消瘦、生长缓慢,感染严重时可引起死亡。本病呈世界性分布,但在温热带地区尤为严重。本病主要侵害仔猪,其症状为消化障碍、腹痛、下痢、便中带血和黏液,皮肤上可见到湿疹样病变;当移行幼虫误入心肌、大脑或脊髓时,可发生急性死亡,死亡率可高达50%。

防治要点:由于虫卵及幼虫对干燥环境抵抗力很低,经常保持圈舍干燥是非常重要的,清除猪粪,堆集发酵。此外,应定期对猪群进行预防性驱虫。治疗可用甲苯咪唑、噻苯唑。

(4)旋毛虫病。猪旋毛虫病是由旋毛虫成虫寄生于猪的小肠,幼虫寄生于横纹肌而引起的人兽共患病。旋毛虫成虫寄生于肠管,幼虫寄生于横纹肌。对旋毛虫易感的动物包括猪、犬、猫、鼠类、狐狸、狼、野猪等100多种,人也易感,并且可以引起严重的疾病。猪感染旋毛虫主要是吃了未经煮熟的含有旋毛虫的泔水、废弃肉渣及下脚料。

①临床症状：病猪轻微感染多不显症状，或出现轻微肠炎。严重感染者体温升高，下痢，便血；有时呕吐，食欲不振，迅速消瘦，半个月左右死亡，或者转为慢性。感染后，由于幼虫进入肌肉引起肌肉急性发炎、疼痛和发热，有时吞咽、咀嚼、运步困难和眼睑水肿，1个月后症状消失，耐过猪成为长期带虫者。

②防治要点：治疗该病尚无特效疗法。可试用丙硫咪唑、噻苯咪唑或甲苯咪唑治疗，养猪者禁止用洗肉水喂猪，以预防该病发生；养猪者应该定期检查、驱虫，并注意个人卫生，猪舍、猪场应尽量消灭老鼠，防止猪吞食死亡的老鼠等动物尸体，以减少感染和传播的机会。

（5）猪结节虫病。猪结节虫病是结节虫寄生在猪的结肠内所引起的一种线虫病。在猪体内寄生的食道口线虫共有3种，分别为有齿食道口线虫、长尾食道口线虫和短尾食道口线虫。本虫能在宿主肠壁上形成结节，故又称结节虫病。本病虽感染较为普遍，但虫体的致病力较轻微，严重感染时会出现腹泻，粪便中带有脱落的黏膜，猪只高度消瘦，发育迟缓。若继发细菌感染，可发生脓性结肠炎，引起仔猪死亡。

防治要点：本病的预防应注意搞好猪舍和运动场的清洁卫生，保持舍内干燥，及时清理粪便，保持饲料和饮水的清洁，避免污染。治疗可采用左旋咪唑或丙硫咪唑。

（6）猪肺虫病。猪肺虫病学名猪后圆线虫病，分布于全国各地，呈地方性流行。主要危害仔猪，引起支气管炎和支气管肺炎，严重时可引起大批死亡。猪是猪肺线虫的唯一宿主，虫体乳白色线状，成虫寄生于猪的气管内，主要寄生于膈叶。

①临床症状：仔猪被感染后1个月发生咳嗽，在早、晚、运动或外界温度变化时咳嗽加剧，鼻孔流出脓性黏稠分泌物，虽有

九、高效养猪疫病防治技术

食欲但生长发育停滞，逐渐消瘦。严重病例可发生呕吐、腹泻、呼吸困难、极度瘦弱，最后可致死亡。由于幼虫的移行和成虫的吸血，容易带进病原菌，并发流行性感冒和病毒性肺炎。

②防治要点：流行区的猪群，每年春秋季各进行一次预防性驱虫。可用左旋咪唑治疗。同时还要注意圈舍清洁和消毒处理，才能更好地防止该病的发生。

（7）猪肾虫病。猪肾虫病是由猪肾虫引起的，又称冠尾线虫病。猪肾虫的成虫寄生在肾周围脂肪、肾盂和输尿管壁上形成的囊内。移行过程中通过肝，迷途的虫体可以出现于肺及其他组织。该病在南方各地较为普遍，危害也较为严重。近些年由于养猪条件的改善，猪肾虫病的发病率已逐年减少。

①临床症状：幼虫对肝组织的破坏相当严重（第四期、第五期幼虫的大小已经接近于成虫，虫体数量多时，机械性的损伤就可达到相当严重的程度），引起肝出血、肝硬化和肝脓肿。临诊表现为病猪消瘦、生长发育停滞和腹水等。当幼虫误入腰肌或脊髓时，腰部神经受到损害，病猪可出现后肢步态僵硬、跛行、腰背部软弱无力，以致后躯麻痹等症状。

②防治要点：预防应着重加强检疫，防止购进病猪；发现病猪立即隔离治疗；猪场保持干燥和清洁，定期消毒。治疗可用左旋咪唑、丙硫咪唑等药物。

（8）猪胃圆线虫病。猪胃圆线虫病是因猪吃入猪胃圆线虫的感染性幼虫导致的。虫卵及幼虫不耐干燥和低温。虫卵只有在温暖潮湿的环境中才能孵化发育成具感染性的幼虫，感染性幼虫移行到露水草及潮湿污物间，猪只吞食后即可染病。如猪饲养在干燥、清洁的圈舍，则不易感染本病。病猪常精神萎靡，贫血，营养不良，口渴，下痢，排混血的黑便。

防治要点：预防应改善饲养管理，给予全价营养。猪圈内外应保持清洁，并定期消毒，妥善处理粪便，保持饮水清洁，并可进行预防性和治疗性驱虫。治疗用左旋咪唑、丙硫苯咪唑等。

169. 如何防治猪黄曲霉毒素中毒？

黄曲霉毒素中毒主要引起猪肝细胞变性、坏死、出血。临床诊断上以全身出血、消化功能紊乱、腹水、神经症状等为特征。黄曲霉毒素主要是黄曲霉和寄生曲霉产生的有毒代谢产物。黄曲霉毒素并不是单一物质，而是一类结构极相似的化合物。黄曲霉和寄生曲霉等广泛存在于自然界中，主要污染玉米、花生、豆类、麦类、秸秆等。黄曲霉毒素主要分布在肝脏，可经肝脏微粒体混合功能氧化酶催化而发生羟化、脱甲基和环氧化反应。黄曲霉毒素影响 DNA、RNA 的合成和降解，蛋白质、脂肪的合成和代谢，线粒体代谢以及溶酶体的结构和功能。黄曲霉毒素还具有致癌、致突变和致畸形性。

猪黄曲霉毒素中毒是由于猪误食被黄曲霉或寄生曲霉污染的含有毒素的花生、玉米、麦类、豆类、油粕等而引起。猪误食霉败饲料后 1~2 周即可发病。急性病例多发生于 2~4 月龄食欲旺盛、体质健壮的幼猪，常无明显临床症状而突然倒地死亡。亚急性病猪，体温多升高到 40~41.5℃，精神沉郁，食欲减退或废绝，黏膜苍白，后躯衰弱，走路不稳，粪便干燥，直肠流血。有的猪发出呻吟或头抵墙壁不动。育成猪多是慢性经过，走路僵硬，食欲减退，发生异嗜，到处啃吃泥土、瓦砾、被粪尿污染的垫草等。病猪拱背、蜷腹，粪便干燥，兴奋不安，有的病猪眼、鼻周围皮肤发红，以后为蓝色。

防治要点：加强饲料管理，防止饲料发霉，严禁饲喂霉败饲料。轻度发霉（未腐败变质的）饲料，应先行粉碎，随后加清水（1:3）浸泡并反复换水，直至浸出水呈无色为止，再配合其他饲料饲喂。本病目前尚无特效解毒药，只能采取投服盐类泻剂，如硫酸镁、硫酸钠，静脉放血和补糖解毒保肝等对症治疗。

十、高效养猪经营管理技术

170. 如何确定养猪生产规模？

养猪业的效益是规模效益。我们提倡适度规模，就是在一定的自然、社会、经济、技术条件下，生产者所经营的猪群规模不仅与劳动力、生产工具条件等内环境相适应，而且与社会生产力发展水平、市场供需状况等外环境相适应。生产者能把生产诸要素合理地组织起来，最大限度地提高劳动生产率、资金利用率和猪群生产性能，以达到最佳经济效益目标。在一定时期和范围内猪场的生产规模，与自然、经济、技术、社会等因素有着密切联系。

（1）决定养猪场规模的主要因素。

①生产力水平：这是决定养猪规模的重要因素。当养猪生产水平较低（包括文化、科技素质）、社会分工不发达、服务体系不健全、流通渠道不畅通等情况下，生产经营规模不宜过大。

②市场状况：市场对猪肉品质的要求是确定饲养品种的主要依据。市场需求量和销售渠道是影响猪场效益和规模的主要因素。

③管理人员水平和技术人员素质：规模化猪场成败的关键是管理水平，管理人员的素质、技术人员和饲养人员对养猪技术掌握的熟练程度，是关系到猪群生产性能能否得到充分发挥、猪群

生长发育和成活率的根本保证。

④自然资源条件：自然资源的丰富与否是影响经营规模的制约因素。生态环境的保护和改善，对经营规模也有很大影响。

⑤资金数量：规模养猪生产，在征地、设施、饲料、粪污处理等方面需要大量资金投入，经营规模应量力而行。

（2）确定养猪规模的方法。有适存法、综合指数法、盈亏平衡分析法、线形规模法、投入产出法、成本函数法等。下面简述适存法、综合指数法、盈亏平衡分析法。

①适存法：该法是指通过考察一定区域、一定时期内养猪生产各种不同规模水平的变迁过程，根据"适者生存"这一自然选择原理而判定哪种规模为最佳规模。

②综合指数法：该法是通过分析比较不同经营规模的猪群效率、猪群性能水平、资金效率、劳动生产率、饲料转化率等重要指标，评定不同经营规模间的经济效益和综合效益，并以此确定最优经营规模。具体而言，先找出评定指标并进行评分，其次合理确定各指标的重要性（权重），然后采用加权平均数的方法，计算出不同规模的综合指数，获得最高值的经营规模即为优选规模。

③盈亏平衡分析法：该法是通过分析养猪生产中的产量、成本、价格、效益之间的数量差关系，为达到拟定的经营目的，对经营规模做出优化选择的一种方法。养猪生产成本可分为固定成本和变动成本两种。猪舍占地、猪舍圈栏及附属建筑、设备设施所投入为固定成本。饲料费、仔猪费、仔猪购买成本、人工工资及福利、水电费、医药费、固定资产折旧和维修费等为变动成本，与养猪产量呈某种关系。

171. 猪场如何做好环境影响评价工作？

为了做好养猪场环境影响评价工作，确保环评工作顺利进行

十、高效养猪经营管理技术

并通过项目审批,需做好以下各项工作要点。

(1)了解并熟悉猪场环境评价所具备的条件、需提交的资料,并根据要求,按步骤向相关部门提供有关资料。

选址符合城市总体规划或者村镇建设规划,符合环境功能规划、土地利用总体规划要求,符合国家农业政策,符合清洁生产要求,排放污染物不超过国家和省规定的污染物排放标准,重点污染物符合环境控制的要求,要委托有资质的单位编制项目环境影响评价文件。

明确环境评价所需具备的条件,检查自身是否符合,针对哪项不符合,要自我完善,并使其符合条件后再申请,提高通过审查的概率。

落实环保措施,应用环保设备,如污水处理设备、污泥浓缩压滤一体机、螺旋挤压固液分离机、构建沼气池等,使污水、粪便等能以科学回收、利用、处理,综合利用。对排放污染物进行现场检测,确保达到标准方可排放,消除环境污染隐患。

(2)需要提交的资料。根据《建设项目环境影响评价分类管理名录》（2008)中"农、林、牧、渔"中的"养殖场(区)"类别,猪常年存栏量在3 000头以上涉及环境敏感区,应编制环境影响评价报告书,存栏量在3 000头以下的,不涉及环境敏感区项目应编制项目环境影响报告表。

包括项目环保审批的申请报告;项目环境影响报告书(表);环境技术中心对项目出具的评估意见;基建项目需提供规划许可证、红线图,涉及水土保持的,出具水利行政主管部门意见;涉及农田保护区的项目,出具农业、国土行政主管部门的意见;涉及水生动物保护的,出具渔政主管部门意见;涉及自然保护区的,出具林业主管部门意见;环保部门要求提交的其他材料。

(3)提交材料。申请单位(个人)按照项目环境影响评价等级，到环保局提交申请材料。环保局相关部门对项目进行材料审核、现场核查，经环保局专题审批会，对项目做出审批或审查意见。

（4）提交资料后要清楚办理时限，做好跟踪工作，有问题的及时处理、解决。申报材料不齐全的，当场被告知后应尽快提供，以免影响审核工作的进程。

172. 养猪经营者应具备的基本素质有哪些？

在社会主义市场经济条件下，生产者之所以养猪，目的在于为了满足市场需求，从而赚取一定收益。但由于养猪生产是在一种复杂的环境条件下进行的，其影响既有技术问题，也有大量的经济、社会方面的问题，因此具有综合性和不稳定性。这就要求养猪经营者必需既懂技术，又懂经济，不仅会养猪，还要会经营管理。只有采用先进的养猪生产技术，又善于经营管理的猪场专业户，才能利用有限的生产资源，获得较大的经济效益，既有利于社会，又有利于自己。因此，作为一名优秀的管理者，应具备以下素质：

（1）专业知识。作为现代化猪场的管理者必须具备专业的理论基础知识、较高的专业技术，才能正确分析猪场现状，制订猪场饲养管理、疫病防治、生产计划等。

（2）领导能力。养猪场需要一个团队去生产管理，领导者要了解自己，有知人善用的智慧，在员工中树立较高的威信和号召力，形成自己的领导魅力，去领导下属和团队。管理者不要事必躬亲，要重点培养各部门的主管，要善于挖掘员工的潜力，用人之长，避人之短，给他们充分展示的机会。猪场管理无小事，每一个工作细节，都对大局产生影响。这些细节依靠团队分工合作来完成。

（3）发现问题和处理问题的能力。管理者要及时发现企业

十、高效养猪经营管理技术

和员工存在的问题并妥善处理,对不同的问题应采取不同的处理方法,有时需要引导,有时需要严厉批评,有时则需要经济上处罚,但在处理问题时要做到公平公正,最终是要达到解决问题的目的。

(4)决策能力。在企业经营管理上,决策是很重要的一件事。一个猪场的管理者,在企业发展过程中,常会遇到进退两难,取舍不定的境地。这也是最考验好的管理者的时刻。一个好的管理者应在顺境中未雨绸缪,困境中镇定自若,果断决策。对于重大决策应建立在科学可靠的基础上,通过董事会或领导班子集体讨论后拍板,这样企业在经济活动中能够规避风险,减少市场风险。

173. 需要计入成本的项目有哪些?

在养猪生产实践中,需要计入成本的有直接费用和间接费用两大类,共计11项内容。

①工资和福利费:是指直接从事养猪生产的饲养员的工资和福利开支。

②饲料费:是指直接用于各类猪群的各种饲料方面的开支。

③燃料和动力费:是指饲养过程中所消耗的煤、柴油、电等方面的开支。

④兽药费:是指养猪过程中所耗用的医药费、防疫费等方面的开支。

⑤种猪摊销费:是指购买、饲养种公猪和生产母猪的总支出在产品中的摊销费用。

⑥固定资产折旧费:是指养猪生产中建造猪舍、购买专用机械设备的折旧费。

⑦固定资产修理费:是指固定资产所发生的一切维护保养和修理费用。如猪舍的维修费、机械设备的修理费等。

⑧低值易耗品费用：是指能够直接记入成本的低值工具和劳保用品价值。如购买水桶、扫帚、手套等的开支。

⑨凡不能列入以上各项的其他费用。

⑩共同生产费：是指几个车间（或猪群）的劳动保护费、生产设备费用等。

⑪企业管理费：是指应按一定标准分摊记入的场部、分场管理费和生产车间经费。

以上共11项，前9项为直接费用，最后2项为间接费用。计算成本，需要有一些基础性资料。首先，要在一个生产周期或1年内，根据成本项目记账或汇总，核算出猪群的总费用；其次是要有各类猪群的头数、活重、增重、主副产品产量等统计资料。运用这些数据资料，才能计算出各类猪群的饲养成本和各种产品的成本。在养猪生产中，一般需要计算猪群的饲养日成本、增重成本、活重成本和主产品成本等。

174. 哪些猪是我们重点关注的对象？

猪场的效益主要和母猪的生产性能、饲料的利用率有密切关系。我们可以通过扩大母猪的繁殖性能和提高饲料转化率，来分摊母猪的饲料成本和压缩育肥猪的饲料成本，成本的降低意味着效益的提高。所以，母猪和小猪需要我们重点关注，重点保护。

母猪是整个猪场的核心，猪场的生产能力是以每头母猪提供的年出栏生猪的数量来衡量的。母猪的成本是固定的，提供的出栏生猪数目越多，分摊的母猪成本越少，相对应的猪场的效益也就越好。如母猪每年用料为1 100千克，提供仔猪20头，每头分摊55千克；如出栏18头，每头分摊61千克；每减少一头多用饲料3千克，连带其他费用，如人工、药费、设备折旧等，成本会更高。而母猪管理不善时会造成弱仔、病仔、僵猪等，还会造成饲养工作量加大，增加人工成本，治疗成本增加，饲料利用率

十、高效养猪经营管理技术

降低，管理费用增加等，这些成本的增加是无形的。我国在这方面整体水平相对较差，与发达国家还有差距。据统计，国际先进水平是28头以上，而我国的平均水平是14头多。

从生殖理论上讲，一头母猪一次排卵可达到20枚以上，但实际上，一头母猪只能提供出栏生猪7头左右，也就是只有1/3的卵子变成了商品猪。那么卵子都哪里去了呢？实验表明，从卵子到仔猪，损失最大的是从配种到产仔阶段，占死亡总数的84%，其次是哺乳阶段，占死亡总数的12%。而生长期最长的保育育肥阶段只占总数的4%。

175. 在养猪生产管理过程中，要做好哪些生产记录？

生产记录是猪场第一手原始材料，是各种统计报表的基础，养猪场应有专人负责生产记录的收集保管，及时对记录进行整理与分析，有利于及时发现生产中存在的问题，有利于总结经验教训，不断提高生产水平和改进经营管理。

重要的生产记录有：配种记录、母猪产仔哺乳记录、种猪生长发育记录、母猪卡片、公猪卡片、精液的品质检查记录、仔猪培育记录、生长育肥猪记录等。

176. 猪群类别怎样划分更合适？

根据各类猪群特点进行饲养管理，就必须将不同年龄、体重、性别和用途的猪划分为不同的群体，以便猪场间彼此交流和统计管理。

①哺乳仔猪：从初生到断奶前的仔猪，一般为0～28日龄仔猪。

②保育猪：一般指断奶至生后70日龄的小猪（体重25千克左右）。

③育成猪：从保育结束到4月龄留作种用的猪。

④后备猪：5月龄至初配前留作种用的公、母猪，公猪称为后备公猪，母猪称为后备母猪。

⑤检定公猪：从第一次配种至与配母猪所产生仔猪断奶阶段的公猪（年龄一般在1~1.5岁），它们虽已参与配种，但须根据仔猪成绩的鉴定，才能决定是否留作种用。

⑥检定母猪：从初配开始至第一胎仔猪断奶的母猪（1~1.5岁）。根据其生产性能，鉴定其是否留作种用。

⑦成年公猪：指经生长发育、体型外貌、配种成绩、后裔生产性能等鉴定合格的1.5岁以上的种用公猪。

⑧成年母猪：指经一胎产仔鉴定成绩合格的留作种用的1.5岁以上的母猪。

⑨生长育肥猪：专门用来生产猪肉的猪。一般在20~60千克称生长期，60千克至出栏称育肥期。

177. 什么样的猪群结构才合理？

规模猪场的猪群是由种公猪、种母猪、后备猪、哺乳仔猪、培育仔猪、生长育肥猪构成。这些猪在猪群中的比例关系称为猪群结构。按照生产指标的要求，规模猪场生产走向正常以后，每周都有母猪产仔，每周都有仔猪断奶，每周都有培育猪转到生长育肥猪舍，每周都有商品猪出售，猪场的日常存栏应保持相对稳定的状态。

以一个有100头成年母猪的规模猪场为例，其猪群结构应为：成年母猪100头，后备母猪20~25头，成年公猪2头，后备公猪1头，哺乳仔猪200~220头，保育猪215~240头，生长育肥猪510~550头，合计存栏1 048~1 138头。如果猪群结构达到上述标准，说明生产正常，如果哺乳仔猪、培育仔猪和生长育肥猪低于上述标准，总存栏数低于1 000头，说明养猪生产中某个环节存在问题，应加以解决。

178. 猪群周转应遵循哪些原则?

猪群的变动一般称之为猪群周转。猪群周转遵守如下原则:

(1) 后备猪达到体成熟(8~10月龄)以后,经配种妊娠转为鉴定猪群。鉴定母猪分娩产仔后,根据其生产性能(产仔数、初生重、泌乳力和仔猪育成率等情况),确定转入一般繁殖母猪群或基础母猪群,或作核心母猪,或淘汰作肉猪(产母猪育肥)。鉴定公猪生产性能优良者转入基础公猪群,不合格者淘汰,去势育肥。

(2) 一产母猪经鉴定符合基础母猪要求者,可转入基础母猪群,不符合要求者淘汰,做商品肥猪。

(3) 基础母猪4~5岁以后,生产性能下降应淘汰。种公猪在利用3~4年后做同样处理。

基础母猪群中包括各种年龄的母猪若干头,并选出优异者组成核心群,每年需进行补充和调整、淘汰,每年从核心母猪群所生的小母猪中选留育成母猪,根据要求分期选留或淘汰,直至转入基础母猪群,以保证基础母猪群所需数量。

179. 提高养猪经济效益有哪些措施?

经济效益是衡量规模化养猪场投入与产出的一个尺度,如何以较少的人力、物力和财力投入,获得最佳的养猪经济效益,把猪群的饲养管理经济与饲料的营养经济措施科学地组合应用,是提高规模化养猪场经济效益的关键。

(1) 加强人力资源的管理,调动员工的劳动积极性,提高劳动生产率。随着市场竞争的日益激烈,"人才第一"的理念已成为企业家们的共识。任何一个规模化猪场都应高度重视人力资源的重要性,重视员工的招聘、教育培训及合理使用;应合理制定劳动定额;应健全劳动制度。只有这样,才能极大地提高员工的劳动积极性、主动性、自觉性,才能建立和保持一个有效率、有活力、有潜力的员工队伍,才能成为商战上的"常胜将军"。

(2) 加强对猪群的饲养管理,减少饲养费用。规模化养猪场一定要配备有畜牧专业人才,按照猪的不同用途和不同生长发育阶段,合理配制饲料,实行分栏分群饲养,定时定量定质饲喂,重视环境卫生,调教吃料、睡觉、大小便三角定位,注意冬春保暖,夏季防暑降温,保持饮水清洁卫生和足量供给。只有做到科学的饲养管理,才能降低猪的发病率、死亡率,降低饲料消耗;才能提高仔猪的成活率和生长速度,缩短饲养周期,节约饲养成本。

(3) 选择优良杂交品种,保证种猪的品质。规模化养猪场一定要建立起自己的种猪繁育群,走自繁自养的道路。许多新办猪场,从市场或仔猪饲养户收购大批仔猪进行育肥,一方面加大成本,另一方面所购仔猪品种良莠不齐,个体差异大,防疫没有保障,发病率高,死亡率高,出栏时间又集中,一旦出栏时价格大幅度下跌就会造成不可挽回的损失。如果自繁自养就可避免这些问题,应特别注意的是种猪必须来自正规种猪场,经过严格选育的核心群生产的后备种猪,实行"杜长大"等杂交生产组合模式,以确保商品肉猪品质。

(4) 灵活运用饲料标准,合理搭配饲料。由于猪饲料价格较高,所以要因地制宜,合理利用当地饲料资源,降低饲料成本,同时要根据不同生理阶段调整饲料配方,减少不必要的饲料浪费。做到精料精喂,粗料细喂,定质、定量、定时、定温,少给勤添,间隔均匀,不要突然改换饲料,不喂霉败变质、含化肥农药、有毒有害及被病死畜污染的饲料。这些做法都可以提高饲料报酬率,节约饲料成本。

(5) 控制好环境条件。良好的猪舍条件有利于促进猪的快速生长发育。猪舍内应设有洗澡及饮水设备,有良好的排污条件,冬暖夏凉,空气流畅,湿度适宜。

(6)实行立体养殖。立体养殖是现代畜牧业发展的趋势。一是要因地制宜地选准立体养殖模式。目前较成熟的立体养殖模式有鸡——猪或猪——鱼的二段式结合模式,鸡——猪——鱼联养的三段式,鸡——猪——沼气——鱼结合的四段式。二是要根据选定的模式合理确定鸡、猪和鱼养殖的比例,一般鸡与猪饲养比例为(20~25):1,猪鱼结合的比例为7~8头猪的粪供给1亩鱼精养水面。三是要注意科学饲用畜禽粪便或沼液,鸡粪喂猪可用鲜鸡粪(占日粮40%~45%)直接饲喂,或发酵除臭处理后饲喂较好,猪粪喂鱼日施喂量以每亩水面25千克左右为宜。

(7)建立生物安全体系。猪场应建立生物安全体系,进猪前要对猪舍及用具进行严格的消毒。对猪定期驱虫,按时免疫。保持猪舍清洁干燥,按时清除粪便。加强灭蚊灭蝇灭鼠工作。注意观察猪群,密切注意猪群疫情,发现有病及时隔离诊治。

180. 为什么要倡导福利养猪?

早在1789年英国人J. Benthan就提出了"保护动物权利"的理念,他在其所著的《道德与立法原理导论》中提出"动物具有免遭无端折磨的权利",并要求结束对动物的残酷行为。在此后的100年中,动物保护运动在西方不断壮大,1822年英国议会通过了人类历史上首部以保护动物权利为目的的《禁止虐待家畜法案》,即马丁法案。根据该法案,在全国范围内残酷对待动物的行为都将被视为犯罪行为而受到惩罚。这是在动物保护运动史上具有里程碑意义的一步。1850年,法国也通过了反对虐待动物的《格拉蒙法案》,美国于1886年通过了《禁止残酷对待动物法》。这一系列法案的通过标志着动物保护运动已经从民间行为上升到政府行为,也标志着维护动物福利的理念得到了法律上的认可。到了20世纪60~70年代,动物保护运动浪潮在西方全面兴起，并波及世界其他地区，有关思想已深入人心。到目前为止，已有近百个国家和地区建立了完善的动物福利法规。欧盟通过了在其成员国实施的指导条例，要求养猪者要照顾好猪的情绪，并规定，到2013年，欧盟各成员国要采用放养式养猪，停止圈养（图10.1）。英国更是对养殖户饲养猪的猪圈环境、喂养方式做了细致的规定，还增加了给猪"玩具"的条文。

图10.1　法国散养猪舍

所谓生猪福利，通俗地讲就是"依照不同生理需求，让各类别的猪只在生产、生长过程（包括运输关照与安乐屠宰）中生活得更舒适和更健康"。

集约化养猪的新观点与新技术给养猪业和饲料业带来勃勃生机，年出栏万头以上规模化猪场越来越多，工厂化程度越来越高，并取得了较好的规模化效益，也为节约土地资源、提高养猪水平做出了贡献。但是更为苛刻的生活环境（高密度、半限位或全限位等）越来越多地取代了原本相对宽松、近于自然的生活环境；合成药物添加剂的广泛应用，以及其他因素也正悄然地改变着生猪与有关的有机体（病毒、细菌等）所处的环境条件；外源品种较弱体质的基因正越来越广泛地取代本地品种较强体质的基因。

这些悄然改变的内外环境条件，已经远离了猪的生物学（自然）需要，几乎超出了猪的适应极限；而与猪有关的有机体（主要是指微观有机体，如病毒、细菌等）正以超出人类控制能力的速度急剧应变着，从而引发了多种传染病肆虐猪群的悲剧，并由此衍生出药费飙升、抗生素与添加剂滥用、耐药菌株对猪只与人类的威胁加剧、养猪业对环境的污染日趋严重、肉产品的安全性令人担忧等恶性循环的怪圈。

据有关统计资料表明，2013年我国出栏生猪在7.2亿头左右。但是由于疫病（主要因素）与管理等原因其死亡率却可能高达15%左右。虽然这种巨额损失与许多养猪者管理水平较低下有直接关系；但是，无可否认远离生猪生物学需要而又苛刻的生活环境则是造成疫病流行的主要原因之一；另外猪的免疫功能下降（内因），抗生素的滥用与病原微生物的急剧应变（外因）也是造成上述现象的又一重要因素。

严峻的形势让人们多少认识到，要使养猪业走出上述的怪圈，必须关心猪的福利，改善猪的生活环境，规范人们养猪行为，提倡更有社会责任感的商业运作，才能实现养猪业健康发展。

参考文献

[1] 王爱国. 现代实用养猪技术. 北京：中国农业出版社，2009.

[2] 曲万文. 现代猪场生产管理实用技术. 北京：中国农业出版社，2009.

[3] 陈代文. 养猪关键技术. 成都：四川科学技术出版社，2003.

[4] 刘作华. 猪规模化健康养殖关键技术. 北京：中国农业出版社，2008.

[5] 潘琦. 科学养猪大全. 合肥：安徽科学技术出版社，2009.

[6] 孙德林，云鹏，云国兵. 猪人工授精技术100题. 北京：金盾出版社，2008.

[7] 程德君，于振洋. 规模化养猪生产技术问答. 北京：中国农业大学出版社，2003.

[8] 张守然. 高效猪饲料配制技术与配方. 呼和浩特：内蒙古人民出版社，2009.

[9] 赵克斌，王立贤，苏振环. 猪的营养与饲料配制技术问答. 北京：中国农业出版社，2009.

[10] 郑友民. 猪人工授精技术. 北京：中国农业出版社，2010.

[11] 庞卫军. 高产母猪健康饲养问答. 北京：中国农业出版社，2008.

[12] 李和国. 我国养猪业的发展历程及问题概述. 贵州畜牧兽医，2009（1）：16-18.

[13] 邵顺宁,尹庆宁. 影响猪人工授精技术效果的原因及对策. 今日畜牧兽医,2012(12):35-36.

[14] 周建强,潘琦,张伟. 公猪精液的稀释保存和运输方法. 当代畜牧,2013(1):46-49.

[15] 王庆辉. 提高猪人工授精受胎率的技术措施. 中国畜牧兽医文摘,2011(2):44-44.

[16] 郁富慧,宋向阳. 哺乳仔猪诱食补料十项技术要点. 山东畜牧兽医,2010(6):50-50.

[17] 陈宗刚,苏士光. 预防仔猪应激症的主要措施. 今日畜牧兽医,2009(7):33-34.

[18] 孙宝权. 猪场老鼠和蚊蝇的危害与综合防控措施. 养猪,2012(4):79-81.

[19] 王鑫炎,王明江. 规模猪场疫病控制的综合措施. 湖南畜牧兽医,2012(3):22-23.

[20] 李芳. 浅谈养猪业中的动物福利问题. 中国动物保健,2010(6):1-4.

[21] 鲍永芳,钱定海. 我国养猪业可持续发展问题的若干思考. 饲料广角,2009(19):23-26.

长白公猪

长白母猪

大白公猪

大白母猪

杜洛克公猪

杜洛克母猪

仔猪保育栏

分娩舍风机降温设备

全自动控制粪板清粪系统

哺乳仔猪红外线保温灯

人工授精实验室

猪场中央控制室

湿帘降温设备

生态环保养猪舍

妊娠舍屋顶通风系统

沼气处理设施

自动喷雾消毒设备

自动供料系统